金属材料
显微组织图谱

王 兰 编著

Microstructure Atlas
of Metal Materials

化学工业出版社

·北京·

内容简介

《金属材料显微组织图谱》共十六章，第一章为金相检验技术，主要介绍金相样品的制备、金相显微镜和显微组织的拍摄；第二章至第十六章分别介绍了结构钢、弹簧钢、工模具钢、不锈钢、铸钢及铸铁、有色金属、焊接件以及金属材料表面改性处理后的显微组织。全书共有 500 余张显微组织照片，均来源于实验教学、工厂金相检验分析以及科研实例，每张显微组织照片均有详细的状态和组织特征说明。

本书可供机械、冶金、汽车等企业和相关单位从事金相检验、失效分析以及热处理的工程技术人员和科研人员参考使用，也可供高等院校相关专业师生参考使用。

图书在版编目（CIP）数据

金属材料显微组织图谱 / 王兰编著. --北京：化学工业出版社，2024.6

ISBN 978-7-122-44768-5

Ⅰ.①金… Ⅱ.①王… Ⅲ.①金属材料-显微组织（金相学）-图谱 Ⅳ.①TG14-64

中国国家版本馆CIP数据核字（2024）第080315号

责任编辑：王 婧　　　　　　　　　　　　　　文字编辑：赵 越
责任校对：李雨函　　　　　　　　　　　　　　装帧设计：张 辉

出版发行：化学工业出版社（北京市东城区青年湖南街13号　邮政编码100011）
印　　装：北京建宏印刷有限公司
787mm×1092mm　1/16　印张15½　字数379千字　2025年1月北京第1版第1次印刷

购书咨询：010-64518888　　　　　　　　　　售后服务：010-64518899
网　　址：http://www.cip.com.cn

定　价：98.00元

前　言

　　金属材料的性能与其显微组织有着密切的关系，通过对显微组织的观察和分析，可以大致判别金属材料的热加工工艺、热处理工艺等是否规范、正确，从而能够更好地指导生产实践和科研工作。

　　本书介绍了常用金属材料的显微组织，是编者在长期从事金相检验和失效分析的基础上编写而成的。书中每一个金相样品都是编者亲自制样并拍摄显微组织照片，这些照片均来源于实验教学、工厂金相检验分析以及科研实例。全书共十六章，第一章为金相检验技术，第二章至第十六章为各种金属材料在不同状态下的显微组织。

　　本书内容详实，全书共有 500 余张金属材料的显微组织照片，可供机械、冶金、汽车等企业和相关单位从事金相检验和失效分析的人员参考使用，也可供高等院校相关专业师生参考使用。

　　在金属材料显微组织的搜集和整理过程中，江苏大学材料科学与工程学院部分师生提供了一些金属材料样品；江苏大学邵红红教授对书稿进行了审阅，提出了很多宝贵意见，在此表示衷心感谢！在本书编写过程中，参考了一些单位和学者撰写和发表的技术标准和科研资料，在此一并表示感谢！

　　限于编者水平，书中难免有不当之处，恳请同行和读者批评指正，以利于今后的修改与完善。

编者

2024 年 10 月

目 录

第一章
金相检验技术

在实际生产和科研工作中，常常需要观察和分析各类金属材料的显微组织，根据观察到的显微组织可以大致判别金属材料的热加工工艺、热处理工艺等是否规范、正确，从而更好地指导生产实践和科研工作。利用光学显微镜观察金属材料的显微组织是一个最基本的检验手段。在光学显微镜下观察、辨别和分析金属材料的微观组织，都是用专门制备的试样。由于金属试样对一般光线的不透明性，需要经过特殊制备，使金属试样表面既要平整如镜，又要界限分明，以便在显微镜视场中不同程度地反射光源，从而显示出清晰的图像。要想观察到金属材料真实、清晰的显微组织，首先需要制备好金相样品，并正确掌握金相显微镜的使用和显微组织的拍摄方法。本章主要介绍金相样品的制备，金相显微镜的原理、构造及使用，以及金相样品显微组织的观察与拍摄。

1.1　金相样品的制备

金相样品的制备通常包括取样、镶样、磨样、抛光、腐蚀等几个主要步骤。这几个步骤都非常重要，忽视其中任何一个，都会影响最终组织分析和检验结果的正确性，甚至会造成结果的误判。合格的金相样品应具有以下几点特征：①显微组织应具有代表性；②无假像，组织真实；③石墨和夹杂物无拖尾、脱落现象；④样品表面无磨痕、麻点和水迹等。

1.1.1　取样

从被检材料或零件上切取一定尺寸试样的过程称为取样。选择合适的、有代表性的试样是进行金相显微分析极其重要的一步，取样主要包括选择取样部位和检验面以及截取合适尺寸试样等。取样部位及取样方法是否恰当，直接影响显微组织的观察及辨别。

1.1.1.1　取样部位及检验面的选择

取样部位及检验面取决于被分析材料或零件的特点、加工工艺过程及热处理过程等。取样时应选择具有代表性的部位。生产中常规检验所用试样的取样部位、形状、尺寸都有明确的规定。如：轧材，要研究材料表层的缺陷和非金属夹杂物的分布时，应在垂直轧制方向上取横向试样；要研究夹杂物的类型、材料的变形程度、晶粒被拉长的程度、带状组织等应在平行于轧制方向取纵向试样；要研究热处理后的零件时，因为组织较均匀可自由选取断面试样；对于进行失效分析的零件试样，应根据失效的原因，分别在材料失效部位和完好部位取样，以便于对比分析。

1.1.1.2 试样的截取方法

试样截取的方法有很多种，截取时应根据材料的性质和要求来决定，但无论采用哪种方法进行取样，其截取原则是保证不使被观察的截面由于截取而产生组织变化，因此对于不同的材料需要采用不同的截取方法。对于软材料，可以用锯、车、刨等加工方法；对于硬材料，可以用砂轮切割机切割或用电火花切割等，采用这种方式截取试样时，由于在切割过程中会产生高温，会使材料组织发生变化，因此需要对试样不断进行冷却以防止发生组织变化，影响最终的组织观察与鉴别；对于硬而脆的材料，可以直接用锤击的方法。图1-1为实验室常用的砂轮切割机示意图。

1.1.1.3 试样尺寸

金相试样的尺寸不宜太大也不宜太小，若试样太小操作不便，若试样太大则磨制平面过大，不易磨平且增加磨制时间。因此金相试样的尺寸以便于握持、易于磨制为准，通常金相试样为 $\phi 15mm \times 15mm$ 的圆柱体或相当尺寸的立方体。图1-2为金相试样的尺寸图。

图1-1　砂轮切割机

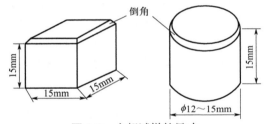

图1-2　金相试样的尺寸

1.1.2　镶样

一般情况下，如果试样大小合适，则不需要镶样。但如果试样尺寸过小、形状极不规则（如带、丝、片、管状样品，制备试样十分困难）或要求保护试样边缘（如表面改性层），则必须把试样镶嵌起来。镶嵌包括机械镶嵌法和树脂镶嵌法。

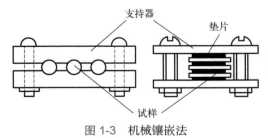

图1-3　机械镶嵌法

1.1.2.1 机械镶嵌法

机械镶嵌法是将试样放在预先制备好的夹具上，然后用螺钉加以固定。该方法主要适用于镶嵌形状规则、尺寸较小的试样。图1-3为机械镶嵌法示意图。

1.1.2.2 树脂镶嵌法

树脂镶嵌法是利用树脂来镶嵌细小的金相试样，可将任何形状的试样镶嵌成具有一定几何尺寸的试样。树脂镶嵌法分为热压镶嵌法和浇注镶嵌法。热压镶嵌法是将镶嵌料（聚氯乙烯、胶木粉、酚醛树脂等）加热至一定温度并施加一定压力和保温一定时间，使镶嵌材料和试样黏合在一起。这种方法需借助于专门的镶嵌机来完成，主要适用于对温度和压力不敏感的试样。浇注镶嵌法是指在室温下使镶嵌料固化，此法适用于不允许加热的试样，较软或熔点低的试样，形状复杂、多孔性的试样等。图1-4为用于热压镶嵌法的镶嵌机及其热压镶嵌后的试样。图1-5为利用浇注镶嵌法镶嵌完成的试样。

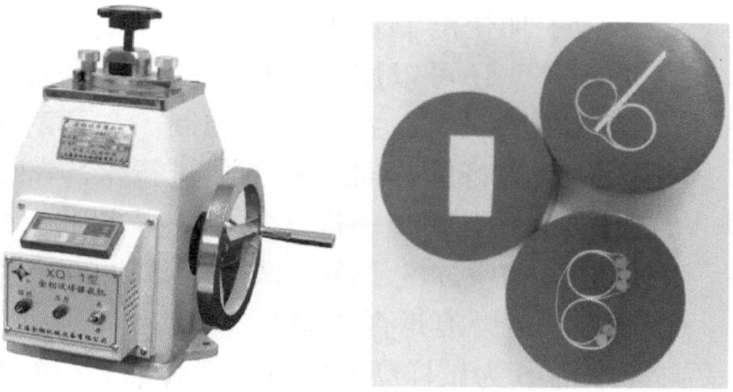

(a) 镶嵌机   (b) 热压镶嵌试样
图1-4　镶嵌机及其热压镶嵌的试样

图1-5　浇注镶嵌模具及试样

1.1.3　磨样

首先把取好的试样在砂轮磨平机上或粒度较粗的砂纸上磨出一个平整表面，对于不看表层组织的试样，一般还需将试样进行45°倒角，防止在后续磨制时划伤砂纸和抛光布，避免抛光时样品飞出造成事故。然后用水砂纸或金相砂纸依次从粗到细进行磨制，磨制可分为手工磨制和机械磨制。

（1）手工磨制

手工磨制时，把砂纸平放在平面玻璃板上，左手按住砂纸，右手拿住试样，在砂纸上作单向平衡移动。

手工磨制应注意以下几点。

为了保证磨面平整，不产生塌边和弧度，应单方向进行，向前推动时进行磨削，然后磨面提起来拉回，在回程中不与砂纸接触。

在磨制时，对试样的压力应均匀适中，压力太小磨削效率低，太大会使砂粒破碎，增加砂粒与磨面的滚动，产生过深的划痕。此外，用力过重还会使磨面发热，导致磨面不平。

磨制时应顺号进行，不宜跳号。因为每号砂纸的切削能力是按照保证在短时间内将前道磨痕全部磨掉来分级的，若跳号过多，不仅会影响磨制时间，而且前几号砂纸留下的表面强化层和扰乱层也难以消除。

当新的磨痕盖过旧的磨痕，且磨面是平面时，就可以更换下一号砂纸，磨制时间不宜过长，避免金属表面形成过厚的加工硬化层和扰乱层。

更换一号砂纸时，试样、玻璃板及操作者的手均应擦干净，砂纸使用前需抖动一下，将粗砂粒抖掉，以免造成磨面上较深的磨痕。

换砂纸时，试样转 90°，使新的磨痕垂直旧的磨痕，这样易于观察逐渐消除的粗磨痕，以便能够获得逐级磨光的正确结果。

砂纸上的砂粒变钝，磨削作用大大减小，不宜继续使用，否则砂粒与磨面产生滚动现象，增加表面扰乱层。

砂纸应按号放，不能混乱，粗的放在下面，细的放在上面，磨制时从粗到细进行，磨过硬质材料的砂纸不要再磨软的材料。

（2）机械磨制

为了加快磨制速度，提高制样效率，除手工磨制外，还可以用一系列不同粒度的水砂纸平铺在预磨机上，实现机械磨制。在预磨机上用水砂纸进行磨样时，要不断进行水冷却。同样地，和手工磨制一样，每换一号砂纸，样品和抛光盘均应冲洗干净，试样也要转 90°，便于观察上一道磨痕是否消除。

图 1-6 为试样磨面经过粗磨和细磨后的磨痕变化示意图。粗磨后磨面虽然平整，但存在较深的磨痕，经细磨后，磨痕较浅，可以为后续的抛光做好准备。

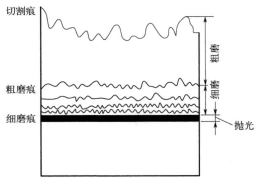

图 1-6　试样粗磨细磨后磨痕变化

1.1.4　抛光

经细磨后的试样需要进行清洗，除去铁屑、砂粒，以便进一步抛光，抛光的目的是去除细磨时遗留下来的细微磨痕，从而获得光亮无疵的镜面。

抛光一般可分为机械抛光、电解抛光、化学抛光、振动抛光或它们的综合应用。

（1）机械抛光

机械抛光在机械抛光机上进行，抛光机主要是由电动机和被带动的一个或两个抛光盘组成的，转速通常为 200 ～ 1400r/min，抛光盘上铺以不同材料的抛光布，粗抛时常用帆布和粗呢，细抛时常用绒布、细呢或丝绸。抛光时在抛光盘上不断滴注抛光液，抛光液一般为 Al_2O_3、MgO 和 Cr_2O_3 等在水中的悬浮液，有时也在抛光盘上涂以极细金刚石粉制成的膏状抛光剂。机械抛光是靠极细的抛光粉末与试样磨面间产生的相对磨削和滚压作用来消除磨痕的。抛光时应将试样磨面均匀地、平整地压在旋转着的抛光盘近中心处，压力不宜过大，并沿抛光盘的中心到边缘不断地来回移动。在抛光的最后阶段，可将试样转 180° 作反向抛光，防止石墨、夹杂物的"拖尾"现象。在抛光过程中所加的抛光液要适中，通常将试样提起来，在抛光面上不粘带抛光粉及大滴水滴，磨面上有一层一吹即干的水膜为宜。抛光时不宜压力过重，时间过长，否则会使表面变形层增加、扰乱层加深以及容易产生蚀坑、浮雕等缺陷。一般只抛 3 ～ 5min，最终抛光的试样磨面上看不见任何磨痕而呈光亮的镜面。图 1-7 为实验室常用的机械抛光机。

（2）电解抛光

电解抛光是把磨光的试样浸入电解液中，接通试样（阳极）与阴极之间的电源（直流电源），阴极为不锈钢板或铅板，并与试样抛光面保持一定的距离。当电流密度足够大时，试样磨面即选择性地溶解，靠近阳极的电解液在试样表面形成一层厚度不均的薄膜，由于薄膜本身具有较大电阻并与其厚度成正比，如果试样表面高低不平，则突出部分薄膜的厚度要比凹陷部分的薄膜厚度薄些，因此突出部分电流密度较大，溶解较快，最后形成平坦光滑的表面。实验室常用的电解抛光机原理如图 1-8 所示。

（3）化学抛光

化学抛光是靠化学药剂的溶解作用，得到光亮的抛光表面。这种方法操作简单、成本低。把试样浸在化学抛光剂中，并进行适当搅动或用棉花擦拭，一段时间后，就可以得到光亮的表面。化学抛光兼有化学腐蚀的作用，能显示金相组织，抛光后可直接在金相显微镜下观察。

图 1-7　机械抛光机

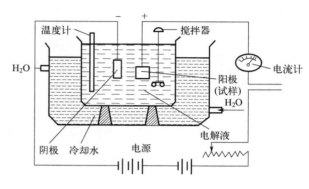

图 1-8　电解抛光机原理

（4）振动抛光

振动抛光是指螺旋振动系统在工业电源驱动下，使试样在磨盘上圆周运动的同时进行自转，从而达到抛光的目的。振动抛光不仅能获得没有变形层和扰乱层的优良磨面，而且可用来制备透射电子显微镜用的金属薄膜试样，也可用于背散射电子衍射（EBSD）分析样品的制备。

（5）综合抛光

上述几种抛光方法各有各的特点，机械抛光虽然能获得平整的抛光面，但容易产生变形层和划痕；电解抛光和化学抛光虽然可以消除变形层，但抛光面并不是十分平滑。因此常综合利用这些方法，取长补短，从而达到最佳的抛光效果。有时由于某些材料的自身特性，用上述几种方法单独进行抛光难以达到最佳的抛光效果，此时可选用综合抛光方法。

化学 - 机械抛光：在机械抛光的抛光液中加入少量的化学抛光液，在机械抛光机上进行抛光，使试样抛光面在受到抛光粉磨削作用的同时，也受到化学腐蚀作用，从而使抛光、腐蚀同时进行。

化学 - 机械抛光交替进行：此法适用于一些易于产生变形层和易于氧化的软金属试样。机械抛光按常规方法进行，短时抛光后，用镊子夹住试样，在选定的化学抛光液中晃动几秒，目的是去除表面氧化层和变形层，之后再进行短时机械抛光和化学抛光。如此反复几次，试样表面越来越亮，直至光亮洁净为止。

电解 - 机械抛光：此法是将电解抛光与机械抛光结合为一体的试样抛光方法。抛光盘与塑料圆盆组合，盆中装有适量电解液和抛光液的混合液，将试样接通阳极，抛光盘以点接触擦动方式接通阴极。

综合抛光虽然在抛光过程、抛光材料以及设备上都比单一抛光方法复杂，但在制备一些特殊的金相试样及消除机械抛光变形层方面，具有较好的效果。图1-9为利用机械抛光对工业纯铁进行抛光时出现的变形层组织，铁素体晶粒内部出现较多滑移线。

(a) 放大倍数：100×

(b) 放大倍数：200×

图1-9

材料：工业纯铁
状态：退火
组织：铁素体
腐蚀剂：4%硝酸酒精溶液

1.1.5 腐蚀

试样抛光后（化学抛光除外），在显微镜下只能看到光亮的磨面及孔洞、裂纹、夹杂物以及石墨形态等。要对试样的显微组织进行分析，试样还必须经过腐蚀，常用的腐蚀方法为化学腐蚀法。化学腐蚀法就是将抛光好的样品磨面在化学腐蚀剂中腐蚀一定时间，从而显示出试样的组织。

纯金属及单相合金的腐蚀是一个单纯的化学溶解过程，腐蚀剂首先将磨面表层很薄的变形层溶解掉，接着对晶界起化学溶解作用。由于晶界上原子排列不规则，具有较高的自由能，所以晶界易受腐蚀而成凹沟。在垂直光线照射下，光线在晶界凹沟处被散射，不能全部进入物镜，因此能显示出黑色晶界，使组织显示出来，在显微镜下可以看到多边形的晶粒，如图 1-10 所示。若腐蚀较深，由于各个晶粒位向不同，不同的晶面溶解速率不同，腐蚀后的显微平面与原磨面的角度不同，在垂直照明下，各晶粒的反光方向不一致，因此就可以看到明暗不同的晶粒。在晶粒平面处的光线直接反射进入物镜，此处晶粒呈现为亮色；而倾斜晶面上的光线则发生漫反射，此处晶粒呈现为暗色，图 1-11 为工业纯铁退火态的显微组织图，由于相邻晶粒位向差的关系，晶粒会显示出明暗不同。

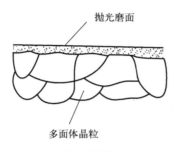
(a) 未腐蚀试样抛光磨面

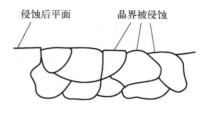
(b) 腐蚀后试样抛光磨面

图 1-10　纯金属及单相合金化学腐蚀的情况

材料：工业纯铁
状态：退火
组织：铁素体
腐蚀剂：4% 硝酸酒精溶液
放大倍数：200×

图 1-11

两相合金的腐蚀主要是一个电化学腐蚀过程。两个组成相具有不同的电极电位，在腐蚀剂中，形成较多微小的局部电池，具有较高负电位的一相成为阳极，被溶入电解液中而逐渐凹下去，具有较高正电位的另一相为阴极，保持原来的平面高度，因而在显微镜下可清楚地显示出合金的两相。

多相合金的腐蚀，主要也是一个电化学溶解过程。在腐蚀过程中腐蚀剂对各个相有不同程度的溶解。必须选用合适的腐蚀剂，如果一种腐蚀剂不能将全部组织显示出来，就应采取两种或更多的腐蚀剂依次腐蚀，使之逐渐显示出各相组织。若试样制备好后需要长期保存，则需要在腐蚀过的试样观察面上涂上一层保护膜，常用的有硝酸纤维漆加香蕉水或透明指甲油。

图 1-12 为锰黄铜 HMn55-3-1 铸态下的显微组织和宏观形貌图，同样由于相邻位向差的关系，相邻晶粒呈现出不同明暗程度的晶粒形貌［图 1-12（a）和图 1-12（b）］；经过腐

蚀后，样品磨面呈现不同的色泽变化 [图 1-12（c）]。

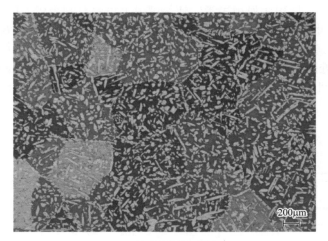

(a) 放大倍数：50×

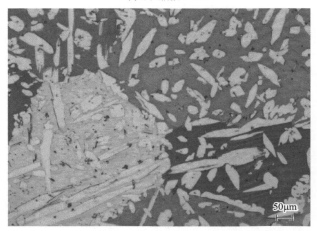

(b) 放大倍数：200×

(c) 放大倍数：2×

材料：HMn55-3-1
状态：铸态
腐蚀剂：盐酸三氯化铁溶液

图 1-12

化学腐蚀法显示显微组织的操作步骤为：将已抛光好的试样用水冲洗干净，再用酒精清洗并吹干，然后将试样磨面浸入相应的腐蚀剂中，或用镊子夹住棉花球蘸取腐蚀剂在试样表面进行擦拭，经过擦拭，抛光好的磨面将失去金属光泽。待试样腐蚀合适后，立即用水和酒精清洗干净，再用吹风机吹干试样表面。金相试样制备完毕，可放置于金相显微镜下观察。需要注意的是，试样腐蚀的深浅程度是根据试样的材料类型、组织和显微分析的目的来确定的，同时还与观察者所选用的显微镜的放大倍数有关，放大倍数高，可腐蚀浅一些，放大倍数低，可腐蚀深一些。表 1-1 列出了常用的一些化学腐蚀剂。

表 1-1　金相试样常用化学腐蚀剂

编号	腐蚀剂成分	腐蚀条件	用途
1	硝酸（相对密度 1.42）2 ～ 8mL 酒精　　　　　加到100mL	腐蚀时间数秒至 1min	用于各种热处理或化学热处理的铸铁、碳钢等
2	苦味酸　　　　5g 酒精或甲醇　　100mL	可直接使用，个别情况可先用 5%硝酸溶液腐蚀后再用	用于各种热处理或化学热处理的铸铁、碳钢等
3	苛性钠　　　　25g 苦味酸　　　　2g 水　　　　　　100mL	加热到 60 ～ 70℃时使用，时间 2 ～ 25min，腐蚀后慢冷	渗碳体被染成黑色
4	硫酸铜　　　　1.25g 氯化铜　　　　2.50g 氯化镁　　　　10g 盐酸　　　　　2mL 水　　　　　　100mL 用酒精冲淡至　1000mL	冷却后使用	显示渗氮零件的氮化层及过渡层
5	硝酸（相对密度 1.42）10mL 盐酸（相对密度 1.19） 　　　　　　　20 ～ 30mL 甘油　　　　　20 ～ 30mL	腐蚀前把试样放在水中稍加热，最好要进行几次反复抛光和腐蚀	显示高速钢、高锰钢镍铬合金等组织
6	氯化铁　　　　5g 盐酸（相对密度 1.19）50mL 水　　　　　　100mL	用于钢时腐蚀 1min，用于铜时用棉花蘸了轻擦	显示奥氏体钢、不锈钢及铜、铜合金等组织
7	盐酸（相对密度 1.19）　50mL 硝酸（相对密度 1.42）　5mL 水　　　　　　　　　　50mL	加热至 50 ～ 60℃使用	显示奥氏体钢的组织

1.2　金相显微镜的原理、构造及使用

金相样品制备好后，可放置于金相显微镜下进行材料显微组织的观察与辨别。接下来介绍金相显微镜的原理、构造及其使用。

1.2.1　金相显微镜的原理

金相显微镜的成像原理如图 1-13 所示。其放大作用主要由焦距很短的物镜和焦距较长

的目镜来完成。为了减少像差，显微镜的目镜和物镜都是由透镜组构成的复杂的光学系统。为了便于说明，图中的物镜和目镜都简化为单透镜。物体 AB 位于物镜的前焦点外但很靠近焦点的位置上，经过物镜形成一个倒立的放大实像 B'A'，这个像位于目镜的物方焦距内但很靠近焦点的位置上，作为目镜的物体，目镜将物镜放大的实像再次放大成虚像 A"B"，其位于观察者的明视距离处（距人眼 250mm），供人眼观察。

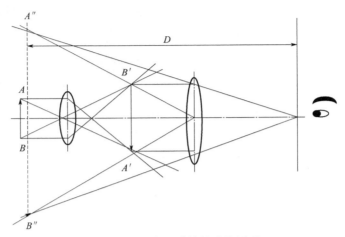

图 1-13　金相显微镜的成像原理

1.2.2　金相显微镜的构造

金相显微镜的类型有多种，有台式的、立式的和卧式的，但无论哪种类型，一般都由光学系统、照明系统、机械系统和附件等四大部分构成。

1.2.2.1　显微镜的光学系统

显微镜的光学系统主要由物镜和目镜组成，由物体来的光线通过物镜和目镜进行放大成像。下面分别介绍一下这两种镜头。

（1）物镜

物镜是显微镜最主要的光学部件。物镜的好坏直接影响显微镜放大后的成像质量。单片透镜由于几何和光学条件的限制，在成像过程中会产生球面像差、色像差和像域弯曲，因而使影像变形和模糊不清，显微镜的物镜都不是单片透镜，而是由不同种类的玻璃制成不同形状的几个透镜组合而成。位于物镜最前端的是平面透镜，称为前透镜，起放大作用，在它以后的其他透镜都是校正透镜，用以校正前透镜所引起的各种像差。显微镜物镜的球面像差大多已进行了必要的校正，但对色像差和像域弯曲的校正，不同的物镜区别也很大。色像差校正到红、绿两波区的称为消色差物镜；校正到红、绿、紫波区的称为复消色差物镜；如果再对视场边缘的弯曲进行校正则称为平场消色差物镜。

物镜在成像时有以下几个重要特性，供选择使用参考。

放大率：物镜独立放大实物倍数的能力，主要取决于物镜前透镜的焦距。焦距越短，放大倍数越高。

数值孔径：它表示物镜的聚光能力。数值孔径大的物镜聚光能力强，从实物射入物镜的光线多，成像就鲜明。数值孔径常用 NA 表示，$NA=\eta\sin\Phi$，式中 Φ 为孔径角的一半，η 为介质的折射率。由上式可知增加透镜的直径、减小焦距以及增大介质的折射率就可以提高数值孔径，但增加透镜直径会使像差增加，所以常用减小焦距的办法来增加孔径角，其最大孔径角可达144°。如空气作介质，其折射率等于1，此时数值孔径 $NA=1\times\sin72°=0.95$。如果在物镜的前透镜和试样之间滴上折射率为1.51的香柏油，此时数值孔径 $NA=1.51\times\sin72°=1.43$。

鉴别率：物镜鉴别细微组织的能力。它是物镜最重要的特性。由于光线的衍射现象，试样上的一点经物镜成像后，在像域上得到的是具有一定面积的光斑，如果试样上相邻两个点距离靠近时，像域上的两个光斑将部分重叠，甚至会合成一个，无法分清这两个像点。物镜所能清晰分辨出的物体相邻两点的最小距离 d 即为物镜的鉴别率。根据理论推导，物镜的鉴别率可由下式求得：

$$d = \frac{\lambda}{2NA}$$

式中，λ 为入射光源的波长；NA 为数值孔径。

由上式可知，入射光源波长 λ 越短，数值孔径 NA 越大，d 值越小，物镜的鉴别能力就越强。由此可见，物镜数值孔径的大小，决定了物镜的鉴别率。物镜数值孔径的重要性并不低于其放大率，如果数值孔径不足，提高放大倍数也没有意义，因为相邻两点如果不能很好地鉴别，即使放大倍数再高（虚伪放大），实际上还是不能清楚地鉴别出这两点。

物镜的类型、放大倍数、数值孔径等通常以文字符号刻在物镜的外壳上。如：物镜上刻有40/0.65、∞ 或 ∞ /0 等符号，其中40表示放大倍数为40倍，0.65表示数值孔径，∞ 或 ∞ /0，表示此物镜按无限镜筒长度设计。常用的物镜为10/0.25、40/0.65、45/0.63、50/0.6、100/1.25。

（2）目镜

目镜的主要作用是将物镜放大的实像再次放大。当显微观察时，人眼能在明视距离处看到经目镜再次放大的虚像。在显微摄影时，在投影屏上可以看到经照相目镜再放大的实像。

目镜的构造比物镜简单得多，仅由为数不多的几片透镜组成，由于通过目镜的光束近于平行，目镜的像差并不严重，孔径角也小，所以目镜的鉴别能力低，放大倍数也不高。同样，目镜的类型、规格等也常以文字符号标注在目镜的外壳上，常用的目镜为10×、12.5×、15×、10×（带有刻度尺的）等几种，其所示的数字即为目镜的放大倍数。

经过物镜和目镜的两次放大，人眼观察到的像的放大倍数 M 即为物镜的放大倍数 M_1 与目镜的放大倍数 M_2 的乘积。在成像过程中，物镜处在前一级放大，所以物镜不能鉴别的组织中的细微部分，目镜也是鉴别不到的。在此种情况下，单纯提高目镜的放大倍数并不能提高成像质量。对于物镜，只有合理选择与之配合的目镜，才能得到清晰的像。

观察时，人在明视距离处的鉴别率为0.15～0.3mm。要使物体上细微部分也能被人眼观察到，必须将它放大到 $M=0.15/d$ ～ $0.3/d$ 倍，即观察时的放大范围为：

$$M_{最大} = \frac{0.3}{d} = \frac{0.3}{\dfrac{\lambda}{2NA}} = \frac{0.6NA}{\lambda}$$

$$M_{最小} = \frac{0.15}{d} = \frac{0.5}{\dfrac{\lambda}{2NA}} = \frac{0.3NA}{\lambda}$$

若取入射光的平均波长为 0.55μm，则显微镜的放大有效范围近似为 $500NA \sim 1000NA$，根据物镜的数值孔径 NA 就可以按上述范围选配目镜和确定总的有效放大倍数。

1.2.2.2 显微镜的照明系统

金相显微镜是利用反射光将不透明的物体进行放大成像的。金属试样不透明，需要有照明装置。将光线投射在试样表面，借金属表面本身的反射能力，使部分光线被反射而进入物镜，从而形成一个倒立的实像，随后在目镜中形成一个虚像。

显微镜的照明系统包括光源、滤色片、孔径光阑、视场光阑、照明器等。

（1）光源

一般显微镜多采用低压钨丝灯泡或 LED 灯作为光源，由降压变压器供给 $5 \sim 12V$ 低电压。这种灯泡光源具有发散性质，须用一组透镜将光源的影像恰好聚焦到试样表面，使多个像域得到均匀照射和最高亮度，这种照明方式叫作临界照明或会聚光照明。

（2）滤色片

一般显微镜都附有黄、绿、蓝三种或更多颜色的滤色片，它的作用是使光源发出的白光变为单色光。当用消色差物镜时，因其色差校正范围只限于黄、绿光波段，所以应使用黄绿滤色片以减少像差，使成像清晰。若使用其他滤色片，则会使影像模糊。当用复消色差物镜时，使用较短波长的蓝色滤色片，可提高物镜鉴别率。滤色片可以改变相的衬度，便于组织鉴别。

（3）孔径光阑

孔径光阑位于聚光透镜之后，用以调节光源射入的光束粗细。一般显微镜的孔径光阑是可以连续调节的，当孔径光阑缩小时，进入物镜的光束变细，光线不通过物镜透镜组的边缘，球面像差大大降低。但是光束变细，使物镜的孔径角缩小，会使实际使用的数值孔径下降，分辨率降低。当孔径光阑扩大时，入射光束变粗，物镜的孔径角增大，可以使光线充满物镜的后透镜。这时数值孔径可以达到额定值（即物镜外壳上的 NA 值），分辨率也随之提高，但是由于球面像差的增加以及镜筒内部反射与炫光的增加，成像质量将降低。因此孔径光阑对成像质量影响很大，使用时必须做适当的调节，不能过大或过小，其合适程度应以光束充满物镜后透镜为准，并根据成像的清晰程度来判断。更换物镜后，孔径光阑必须做适当调节。需注意的是不应用它来调节视场的亮度。

（4）视场光阑

视场光阑位于孔径光阑之后，调节视场光阑可以改变显微镜视场的大小，但并不影响物镜的分辨率。适当调节视场光阑还可以减少镜筒内的反射及炫光，提高成像的衬度和质量。但是要注意，视场光阑缩得太小，会使观察范围太窄，一般应调节到与目镜视场大小相同。

（5）照明器

金相显微镜的照明系统中都配有垂直照明器，目的是调节照明光束垂直转向。通常照明器在两光束的交接点装一个 45° 斜角的平面玻璃反射镜，来使光束垂直转向。这种平面玻璃既能反射光线，又能透过光线，但这种由 45° 斜角的平面玻璃组成的照明器光线散失大，最大可损失 90% 的光线。

（6）照明系统的光轴调整

为了保证光线均匀地照射在试样表面以及得到亮度均匀的影像，要求照明光束或成像放大光束与目镜、物镜主光轴同心，平面玻璃的倾角恰好为 45°。检查时，可将试样聚焦后，缩小孔径光阑，取下目镜，看镜筒中的亮斑是否在中心，如果不在，可调节光阑位置或转动平面玻璃，使镜筒中的亮斑移向中心。

1.2.2.3 显微镜的机械系统

金相显微镜的机械系统是由各种机构组成的，它将光学系统和照明系统连成一体，共同发挥作用。一般显微镜的机械系统由支撑装置和镜体部件组成。支撑装置包括底座、镜架、载物台、微动装置等，镜体部件包括物镜转换器、物镜和目镜。

1.2.2.4 显微镜的附件

一般显微镜的附件有照相摄影装置、偏光装置、暗场装置以及微分干涉等。

1.2.3 金相显微镜的使用

使用金相显微镜时，首先根据所观察样品的特点选择合适放大倍数的物镜和目镜，接通金相显微镜的电源，放置样品，调节粗调焦装置，一直调至人眼在目镜中观察到的像达到最亮或开始出现模糊影像，然后调节微调焦装置，一直调至人眼在目镜中观察的显微组织最清晰为止。

1.3　显微组织的观察与拍摄

金属材料金相样品制备好后，就可以利用金相显微镜来观察它的显微组织。如果组织比较典型，想把它保留下来，可以利用金相显微镜上的摄影装置把显微组织拍摄下来从而保存。现在多数金相显微镜上都配有专门的 CCD 摄像头或数码相机，利用专门的应用软件即可进行显微组织的拍摄。图 1-14 为 Zeiss Observer Z1m 金相显微镜的外观形貌图，利用此显微镜可以进行显微组织的观察与拍摄。

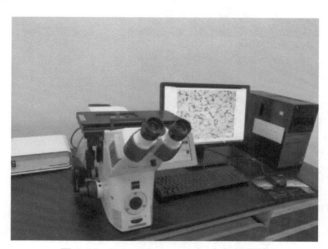

图 1-14　Zeiss Observer Z1m 金相显微镜

图 1-15 为利用 Zeiss 金相显微镜在明场、暗场和微分干涉条件下拍摄的 20 钢退火态的显微组织。图 1-15（a）为 20 钢明场下的显微组织，图中黑色组织为珠光体，白色组织为铁素体；图 1-15（b）为 20 钢暗场下的显微组织，白亮色组织为珠光体，黑色组织为铁素体，铁素体晶界呈现为白色；图 1-15（c）为 20 钢在微分干涉条件下的显微组织。由图可见，组织衬度非常好，同一视场，明场和暗场观察不到的细微磨痕在微分干涉条件下清晰可见，且

珠光体和铁素体凹凸分明，立体感非常强。

(a) 明场，500×

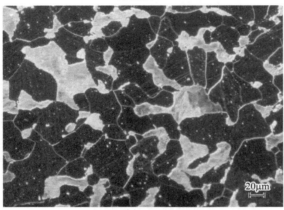

(b) 暗场，500×

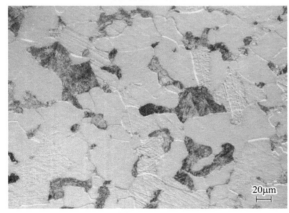

(c) 微分干涉，500×

材料：20 钢
状态：退火
组织：珠光体 + 铁素体
腐蚀剂：4% 硝酸酒精溶液

图 1-15

图 1-16 同样为 20 钢在微分干涉条件下的显微组织。在图 1-16（a）中，铁素体呈凸起状，珠光体呈下凹状，图 1-16（b）中则相反，铁素体呈下凹状，珠光体呈凸起状。

(a) 铁素体凸起，200×

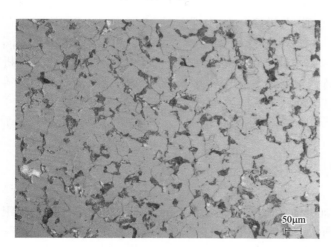

(b) 珠光体凸起，200×

图 1-16

材料：20 钢
状态：退火
组织：珠光体 + 铁素体
腐蚀剂：4% 硝酸酒精溶液

第二章
结构钢显微组织

钢铁材料是工业生产中应用最为广泛的金属材料，其基本组成为铁、碳元素，所以又称为铁碳合金。铁碳合金根据碳含量[1]的不同可以分为三大类：工业纯铁（碳含量＜ 0.0218%）、碳钢（0.0218% ＜碳含量＜ 2.11%）、白口铸铁（2.11% ＜碳含量＜ 6.69%）。其中碳钢根据碳含量的不同又可以分为三种：亚共析钢（0.0218% ＜碳含量＜ 0.77%）、共析钢（碳含量 =0.77%）、过共析钢（0.77% ＜碳含量＜ 2.11%）；白口铸铁根据碳含量的不同也可以分为三种：亚共晶白口铸铁（2.11% ＜碳含量＜ 4.3%）、共晶白口铸铁（碳含量 =4.3%）、过共晶白口铸铁（4.3% ＜碳含量＜ 6.69%）。本章主要介绍工业纯铁和碳素结构钢在不同状态下的显微组织。

2.1 工业纯铁及低碳变形钢显微组织

对于工业纯铁，当碳含量小于 0.0008% 时，在平衡状态下的显微组织为单相铁素体组织；当碳含量大于 0.0008% 时，在平衡状态下的显微组织为铁素体 + 沿铁素体晶界分布的三次渗碳体。图 2-1 为工业纯铁在不同放大倍数下退火态的显微组织，图中黑色的线条为一个铁素体晶粒与另一个铁素体晶粒的交界，称为铁素体晶界。

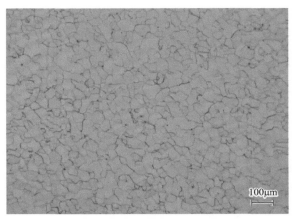

(a) 放大倍数：100×

---

[1] 若无特殊说明，本书中各元素含量均指质量分数。

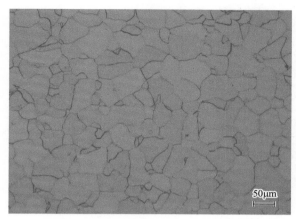

(b) 放大倍数：200×

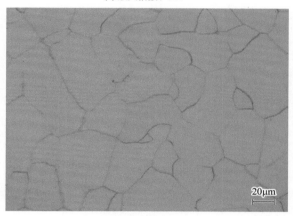

(c) 放大倍数：500×

材料：工业纯铁
状态：退火
组织：铁素体
腐蚀剂：4% 硝酸酒精溶液

图 2-1

　　当对工业纯铁进行不同程度变形时，铁素体晶粒会沿着变形方向拉长，其拉长的程度随着变形度的增加而增加。图 2-2 为工业纯铁经过 4 种不同程度变形后其显微组织图。从图中可以看出，随着变形度的增加，铁素体晶粒沿变形方向逐渐拉长，变形度越大，拉长程度越明显。当变形度达到 80% 时，已经无法观察到铁素体的晶粒特征，这种组织称为纤维组织。工业纯铁经过塑性变形后，会产生加工硬化，强度、硬度升高，塑性、韧性下降。将工业纯铁变形后的试样进行加热处理，随加热温度和保温时间的不同，工业纯铁的显微组织又会发生不同的变化。根据加热温度的不同，可将加热过程分为三个阶段：回复、再结晶以及晶粒长大。图 2-3 ～图 2-5 为工业纯铁变形后经过不同加热温度和保温时间处理后其显微组织图。在图 2-3 中，得到的是细小的铁素体等轴晶，这是工业纯铁变形后经加热处理刚刚完成再结晶得到的组织；在图 2-4 中，得到的是粗大的铁素体晶粒，这是工业纯铁变形后经加热处理完成再结晶后，继续提高加热温度或延长保温时间进入晶粒长大阶段所导致的；在图 2-5 中，得到的是大小不一的铁素体晶粒。

(a) 变形20%　100×

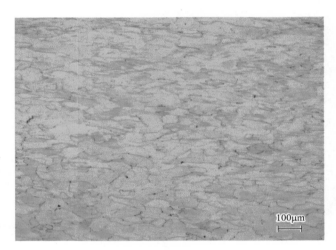

(b) 变形40%　100×

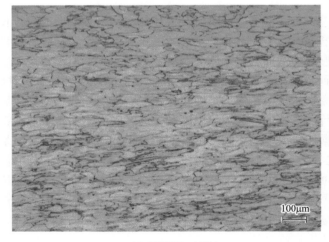

(c) 变形60%　100×

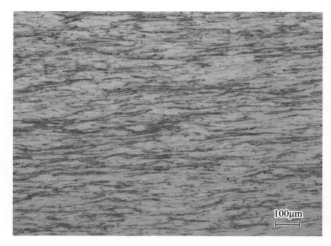

材料：工业纯铁
状态：不同程度变形
组织：铁素体沿着变形方向拉长
腐蚀剂：4% 硝酸酒精溶液

(d) 变形80%　100×

图 2-2

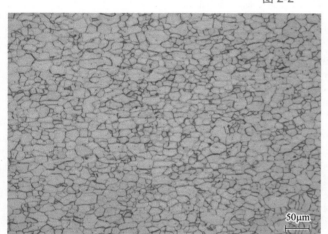

材料：工业纯铁
状态：变形 80%，650℃退火 1.5h
组织：细小等轴铁素体晶粒
腐蚀剂：4% 硝酸酒精溶液
放大倍数：200×

图 2-3

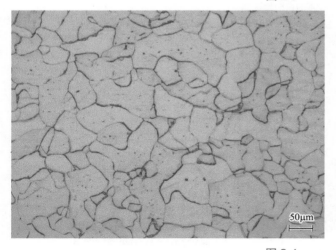

材料：工业纯铁
状态：变形 80%，650℃退火 8h
组织：粗大铁素体晶粒
腐蚀剂：4% 硝酸酒精溶液
放大倍数：200×

图 2-4

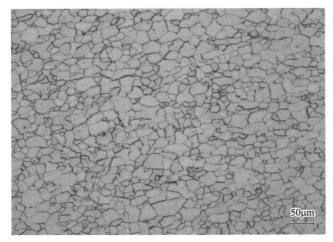

材料：工业纯铁
状态：变形 10%，450℃退火 3h
组织：铁素体（部分铁素体晶粒长大）
腐蚀剂：4% 硝酸酒精
放大倍数：200×

图 2-5

图 2-6 为 08F 钢在不同放大倍数下退火状态的显微组织图，组织为铁素体＋粒状渗碳体。

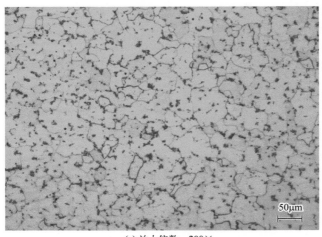

(a) 放大倍数：200×

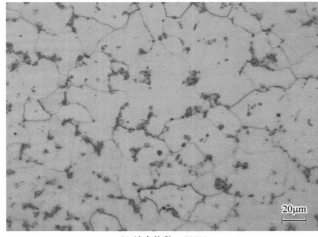

(b) 放大倍数：500×

材料：08F
状态：退火
组织：铁素体＋粒状渗碳体
腐蚀剂：4% 硝酸酒精溶液

图 2-6

2.2　低中碳结构钢显微组织

2.2.1　低碳钢显微组织

低碳结构钢的碳含量达到 0.25%，具有一定的强度、良好的塑性和韧性，其加工性能和焊接性能良好，可用来制造建筑构件。这类钢平衡状态下的显微组织为铁素体+珠光体。图 2-7 为 20 钢在不同放大倍数下退火状态的显微组织图，图中白色晶粒为铁素体组织，黑色团状组织为珠光体组织。这类钢经过不同热处理工艺处理后，会转变成其他组织，如索氏体、贝氏体、马氏体等。

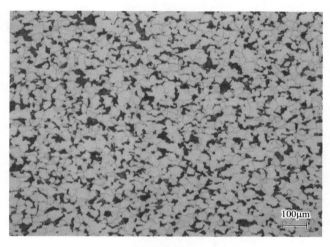

(a) 放大倍数：100×

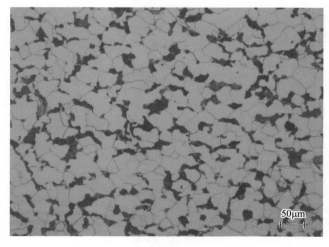

(b) 放大倍数：200×

图 2-7

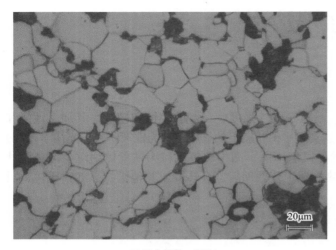

(c) 放大倍数：500×

材料：20 钢
状态：退火
组织：铁素体 + 珠光体
腐蚀剂：4% 硝酸酒精溶液

图 2-7

　　图 2-8 也为 20 钢退火态下的显微组织图，组织也为铁素体＋珠光体，和图 2-7 相比，晶粒明显细小很多。在图 2-8（b）和图 2-8（c）中，可以观察到铁素体带状组织。

(a) 放大倍数：200×

(b) 放大倍数：200×

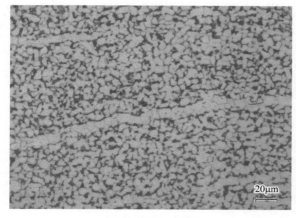

(c) 放大倍数：500×

材料：20 钢
状态：退火
组织：铁素体＋珠光体＋铁素体带状
腐蚀剂：4% 硝酸酒精溶液

图 2-8

图 2-9 同为 20 钢退火状态下的显微组织图。显微组织也为铁素体＋珠光体。但从图中可以看出，晶粒大小不均匀，部分区域晶粒偏大，且出现成分偏析。

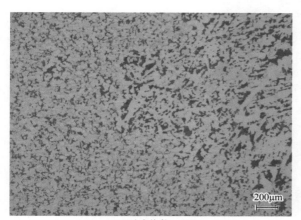

(a) 放大倍数：50×

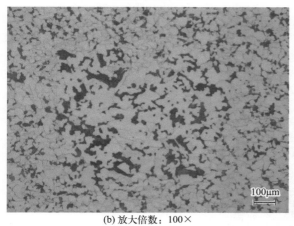

(b) 放大倍数：100×

材料：20 钢
状态：退火
组织：铁素体＋珠光体
腐蚀剂：4% 硝酸酒精溶液

图 2-9

图 2-10 为 16Mn 钢在 920℃加热，盐水中进行冷却，得到的板条马氏体。图 2-11 为 20

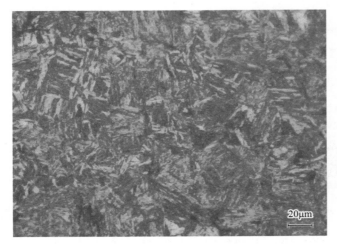

材料：16Mn
状态：920℃盐水冷却
组织：板条马氏体
腐蚀剂：4% 硝酸酒精溶液
放大倍数：500×

图 2-10

(a) 放大倍数：200×

(b) 放大倍数：500×

(c) 放大倍数：500×

材料：20 钢
状态：900℃水冷
组织：上贝氏体 + 板条马氏体
腐蚀剂：4% 硝酸酒精溶液

图 2-11

钢 900℃加热水冷后的显微组织图，得到板条马氏体 + 上贝氏体，图中颜色较深的呈现为羽毛状特征的组织为上贝氏体，其余浅色组织为板条马氏体。图 2-12 为 20Cr 在 830℃加热然后进行油冷，得到的板条马氏体 + 未溶铁素体组织，图中白色块状组织为未溶铁素体，其余为板条马氏体。

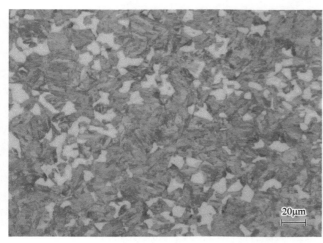

材料：20Cr
状态：830℃油冷
组织：板条马氏体 + 未溶铁素体
腐蚀剂：4% 硝酸酒精溶液
放大倍数：500×

图 2-12

当对低碳钢进行不同程度变形时，铁素体和珠光体晶粒会沿着变形方向拉长，其拉长的程度随着变形度增加而增加。图 2-13 为 20 钢经过 4 种程度变形后其显微组织图。从图中可以看出，随着变形度的增加，铁素体和珠光体晶粒均沿变形方向逐渐拉长，变形度越大，拉长程度越明显。当变形度达到 60% 时，已经无法观察到铁素体和珠光体的晶粒形貌特征，这种组织称为纤维组织。

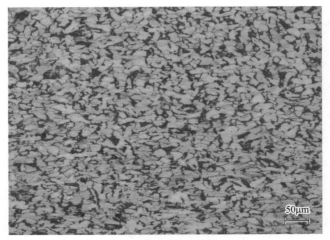
(a) 变形10%　200×

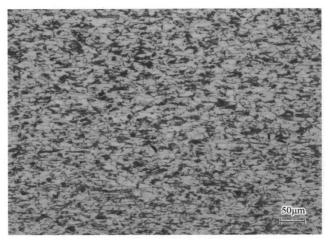
(b) 变形20%　200×

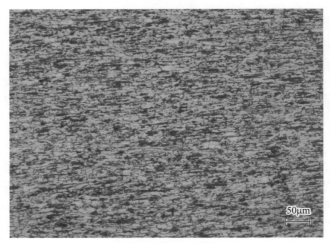
(c) 变形40%　200×

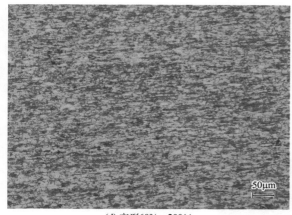

(d) 变形60%　200×

材料：20 钢
状态：不同程度变形
组织：铁素体 + 珠光体
腐蚀剂：4% 硝酸酒精溶液

图 2-13

　　图 2-14 为 Q390 在不同放大倍数下轧制态的显微组织图，组织为珠光体 + 铁素体，其中珠光体呈带状分布。

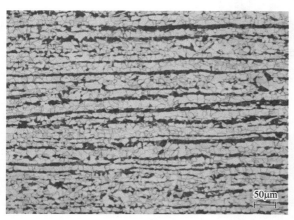

(a) 放大倍数：200×

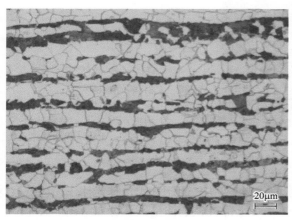

(b) 放大倍数：500×

材料：Q390
状态：轧制
组织：铁素体 + 珠光体
腐蚀剂：4% 硝酸酒精溶液

图 2-14

2.2.2　中碳及中碳合金结构钢显微组织

中碳及中碳结构钢的碳含量为 0.3% ～ 0.5%，退火后显微组织为铁素体＋珠光体。对于这类钢，随着碳含量的增加，铁素体量会逐渐减少，珠光体量会逐渐增加。图 2-15 为 35 钢在不同放大倍数下退火态的显微组织图，图中白色晶粒为铁素体，黑色团状组织为共析转变产物珠光体。

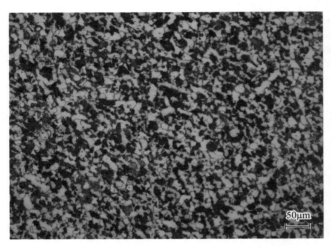

(a) 放大倍数：200×

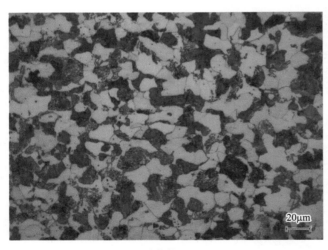

(b) 放大倍数：500×

材料：35 钢
状态：880℃退火
组织：珠光体＋铁素体
腐蚀剂：4% 硝酸酒精溶液

图 2-15

图 2-16 为 35 钢在不同放大倍数下轧制态的显微组织，组织为黑色珠光体＋白色铁素体，珠光体呈带状分布且分布不均匀，在珠光体条带上部分铁素体呈网状分布［图 2-16（b）～图 2-16（c）］，同时，在部分珠光体条带上分布着长条状的硫化物夹杂［图 2-16（d）］。

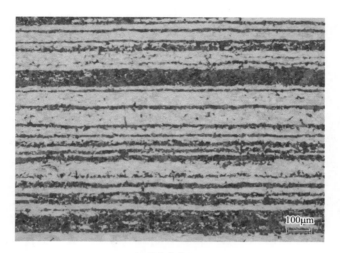

(a) 放大倍数：100×

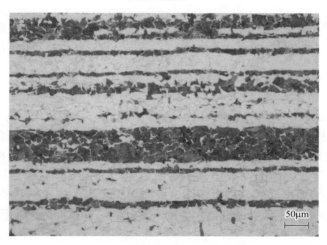

(b) 放大倍数：200×

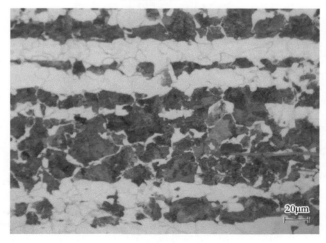

(c) 放大倍数：500×

图 2-16

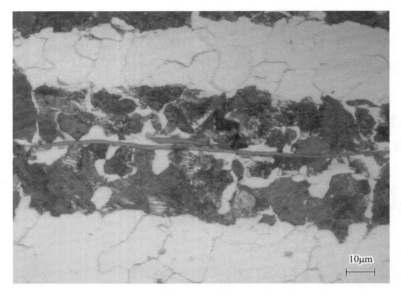

材料：35 钢
状态：轧制
组织：铁素体 + 黑色带状珠
　　　光体
腐蚀剂：4% 硝酸酒精溶液

(d) 放大倍数：1000×

图 2-16

图 2-17 为 45 钢退火态下的显微组织图，显微组织同 35 钢退火态，也为铁素体＋珠光体，但由于两者碳含量上的差异，45 钢中珠光体的含量大于 35 钢。这类钢经过不同热处理工艺处理后，会转变成其他组织，如索氏体、屈氏体、马氏体等。图 2-18 为 45 钢正火后的显微组织图，组织为索氏体 + 铁素体，图中白色组织为铁素体，黑色团状组织为索氏体。图 2-19 为 45 钢 860℃风冷后的显微组织图，显微组织为索氏体 + 网状铁素体 + 铁素体魏氏组织，部分铁素体在奥氏体晶界上沿奥氏体的一定晶面呈针状向晶内生长。

材料：45 钢
状态：860℃退火
组织：珠光体 + 铁素体
腐蚀剂：4% 硝酸酒精溶液
放大倍数：500×

图 2-17

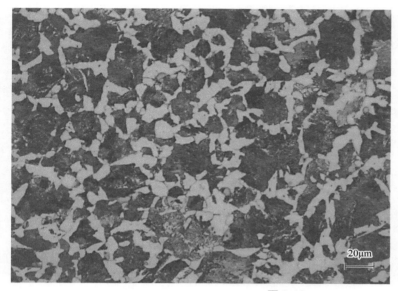

材料：45 钢
状态：860℃正火
组织：索氏体 + 铁素体
腐蚀剂：4% 硝酸酒精溶液
放大倍数：500×

图 2-18

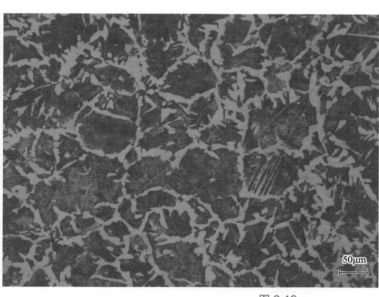

材料：45 钢
状态：860℃风冷
组织：索氏体 + 网状铁素体 +
　　　铁素体魏氏组织
腐蚀剂：4% 硝酸酒精溶液
放大倍数：200×

图 2-19

　　图 2-20 为 45 钢 860℃水淬的显微组织图，显微组织为混合马氏体，即板条马氏体和针状马氏体的混合；图 2-21 也为 45 钢 860℃水淬的显微组织图，显微组织为混合马氏体 + 针状马氏体，图中浅色组织为混合马氏体，黑色针状组织为针状马氏体，这是由于试样在加热过程中局部过热（可能是炉温失控等原因），形成了部分针状马氏体。

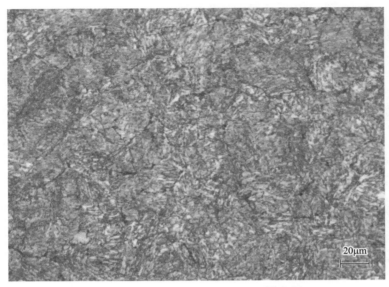

材料：45 钢
状态：860℃水淬
组织：混合马氏体
腐蚀剂：4% 硝酸酒精溶液
放大倍数：500×

图 2-20

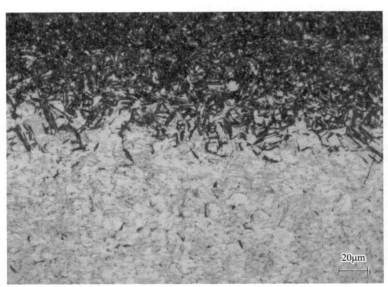

材料：45 钢
状态：860℃水淬
组织：混合马氏体 + 针状马氏体
腐蚀剂：4% 硝酸酒精溶液
放大倍数：500×

图 2-21

图 2-22 为 45 钢 970℃水淬的显微组织图，显微组织为针状马氏体 + 残余奥氏体，图中可见部分原奥氏体晶界。图 2-23 同为 45 钢 970℃水淬后利用饱和苦味酸 + 洗洁精溶液腐蚀的原奥氏体晶粒形貌图，由于淬火加热温度较高，奥氏体晶粒粗大，可达 3 级。

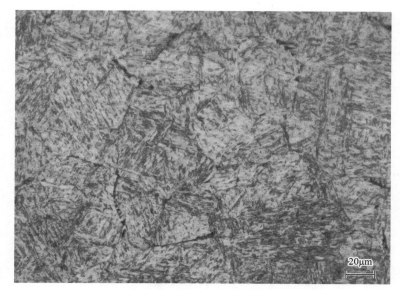

材料：45 钢
状态：970℃水淬
组织：针状马氏体＋残余奥氏体
腐蚀剂：4% 硝酸酒精溶液
放大倍数：500×

20μm

图 2-22

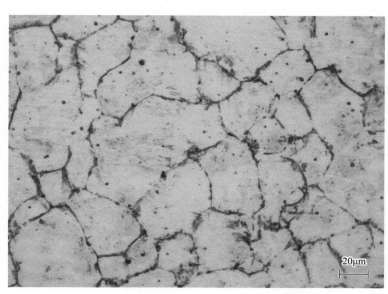

材料：45 钢
状态：970℃水淬
组织：原奥氏体晶粒
腐蚀剂：饱和苦味酸＋洗洁精
放大倍数：500×

20μm

图 2-23

　　图 2-24 为 45 钢 860℃油淬的显微组织图，显微组织为屈氏体＋马氏体，图中沿原奥氏体晶界分布的黑色组织为屈氏体，浅色组织为马氏体。图 2-24（a）和图 2-24（b）中屈氏体呈网状分布；图 2-24（c）中屈氏体为网状和小部分团状；图 2-24（d）和图 2-24（e）中屈氏体大部分呈黑色团状，少部分为网状特征。图 2-25 也为 45 钢 860℃油淬的显微组织图，显微组织也为屈氏体＋马氏体，但在样品边缘可以观察到一层完全脱碳层，脱碳层组织为铁素体，脱碳层深度约为 50μm，产生脱碳层是试样在炉中未通保护气氛或未涂防氧化涂料长时间加热所导致的。

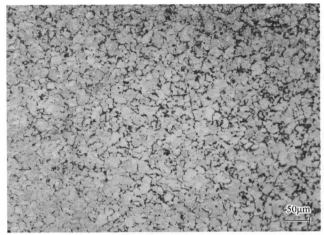
(a) 放大倍数：200×

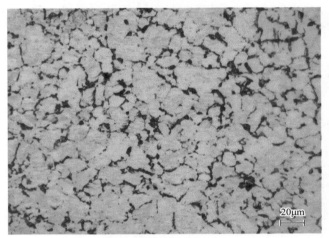
(b) 放大倍数：500×

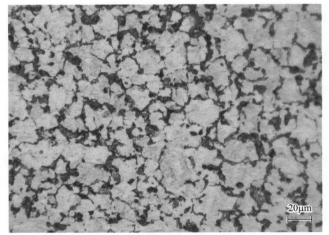
(c) 放大倍数：500×

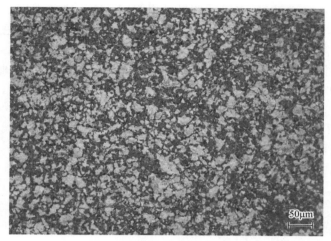

(d) 放大倍数：200×

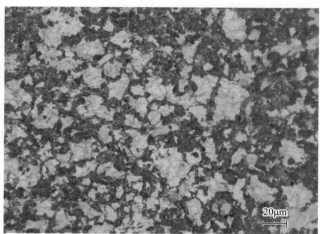

(e) 放大倍数：500×

图 2-24

材料：45 钢
状态：860℃油淬
组织：屈氏体 + 马氏体
腐蚀剂：4% 硝酸酒精溶液

图 2-25

材料：45 钢
状态：860℃油淬
组织：屈氏体 + 马氏体 + 铁素体（边缘）
腐蚀剂：4% 硝酸酒精溶液
放大倍数：200×

图 2-26 和图 2-27 分别为 45 钢 760℃和 780℃水淬后的显微组织图。由于加热温度处于该钢的 $A_{c1}\sim A_{c3}$ 之间，有未溶铁素体存在，图中白色块状组织即为未溶铁素体，浅颜色的组织为淬火马氏体，45 钢 780℃水淬后显微组织中未溶铁素体数量明显少于 760℃水淬。图 2-28 为 45 钢 780℃油淬后的显微组织图，图中白色块状组织为铁素体，黑色组织为屈氏体，浅颜色组织为马氏体。图 2-29 ~图 2-31 分别为 45 钢 860℃水淬后分别进行 200℃、400℃、600℃回火后的显微组织图，显微组织分别为回火马氏体、回火屈氏体和回火索氏体。图 2-32 为 45 钢 780℃水淬后进行 600℃回火后的显微组织图，显微组织为回火索氏体＋铁素体，图中白色块状组织为铁素体，其余组织为回火索氏体。

材料：45 钢
状态：760℃水淬
组织：马氏体 + 未溶铁素体
腐蚀剂：4% 硝酸酒精溶液
放大倍数：200×

图 2-26

材料：45 钢
状态：780℃水淬
组织：马氏体 + 未溶铁素体
腐蚀剂：4% 硝酸酒精溶液
放大倍数：200×

图 2-27

材料：45 钢
状态：780℃油淬
组织：屈氏体 + 马氏体 + 块状未溶铁
　　　素体
腐蚀剂：4% 硝酸酒精溶液
放大倍数：500×

图 2-28

材料：45 钢
状态：860℃水淬，200℃回火
组织：回火马氏体
腐蚀剂：4% 硝酸酒精溶液
放大倍数：500×

图 2-29

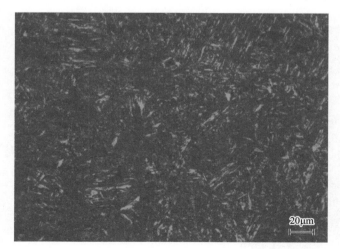

材料：45 钢
状态：860℃水淬，400℃回火
组织：回火屈氏体
腐蚀剂：4% 硝酸酒精溶液
放大倍数：500×

图 2-30

材料：45 钢
状态：860℃水淬，600℃回火
组织：回火索氏体
腐蚀剂：4% 硝酸酒精溶液
放大倍数：500×

图 2-31

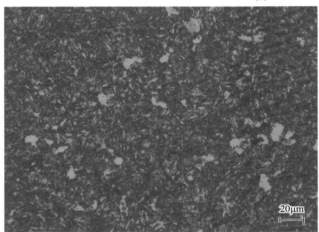

材料：45 钢
状态：780℃水淬，600℃回火
组织：回火索氏体 + 块状铁素体
腐蚀剂：4% 硝酸酒精溶液
放大倍数：500×

图 2-32

图 2-33 为 40Cr 在 860℃退火后不同放大倍数下的显微组织，图中黑色组织为珠光体，白色块状组织为铁素体。

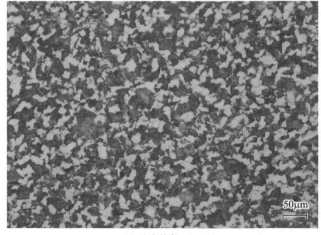

(a) 放大倍数：200×

(b) 放大倍数：500×

材料：40Cr
状态：860℃退火
组织：珠光体 + 铁素体
腐蚀剂：4% 硝酸酒精溶液

图 2-33

图 2-34 为 40Cr 在 860℃正火后不同放大倍数下的显微组织图，图中黑色组织为索氏体，白色网状组织为铁素体。

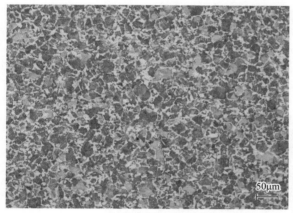

(a) 放大倍数：200×

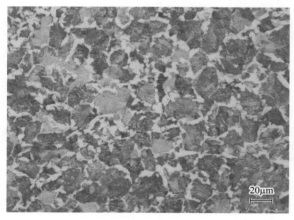

(b) 放大倍数：500×

材料：40Cr
状态：860℃正火
组织：铁素体 + 索氏体
腐蚀剂：4% 硝酸酒精溶液

图 2-34

图 2-35 为 40Cr 在 840℃油冷后的显微组织图，组织为混合马氏体。

材料：40Cr
状态：840℃油冷
组织：混合马氏体
腐蚀剂：4% 硝酸酒精溶液
放大倍数：500×

图 2-35

图 2-36 为 40Cr 在 850℃端淬后过渡区以上的显微组织图，组织为屈氏体 + 马氏体 + 白色块状铁素体，这是此处冷却速度较端淬过渡区小而导致的。

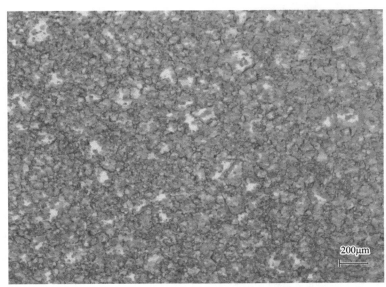

材料：40Cr
状态：850℃端淬
组织：屈氏体 + 马氏体 +
　　　白色块状铁素体
腐蚀剂：4% 硝酸酒精溶液
放大倍数：50×

图 2-36

图 2-37 为 40Cr 在 950℃油淬后的显微组织图，组织为针状马氏体 + 残余奥氏体，图中黑色组织为针状马氏体，白色组织为残余奥氏体。

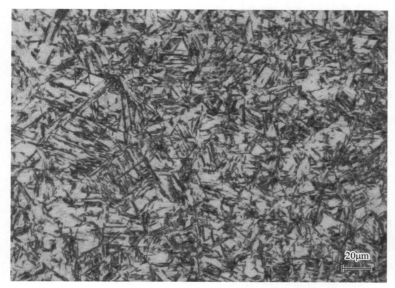

材料：40Cr
状态：950℃油淬
组织：针状马氏体＋残余奥氏体
腐蚀剂：4% 硝酸酒精溶液
放大倍数：500×

图 2-37

图 2-38 为 40Cr 在 850℃油淬后，经 600℃回火得到的组织，组织为回火索氏体。

材料：40Cr
状态：850℃油淬
　　　600℃回火
组织：回火索氏体
腐蚀剂：4% 硝酸酒精溶液
放大倍数：500×

图 2-38

图 2-39 为 40Cr 在 860℃加热，520℃等温得到的显微组织，组织为粒状贝氏体，隐约可见部分原奥氏体晶界。

(a) 放大倍数：200×

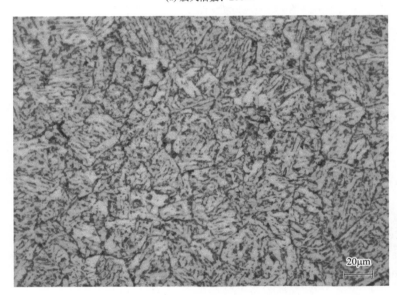

(b) 放大倍数：500×

材料：40Cr
状态：860℃加热，
　　　520℃等温
组织：粒状贝氏体
腐蚀剂：4% 硝酸酒精溶液

图 2-39

第三章

碳素工具钢及其显微组织

碳素工具钢生产成本较低，原材料来源方便，易于进行冷、热加工，在热处理后可获得相当高的硬度；在工作时，受热不高的情况下，耐磨性也较好，因而被广泛应用于各种刀具和零件。这类钢由于淬透性低，淬火时产生畸变和开裂的倾向较大，热硬性差，因而使用范围受到一定的限制，一般适用于制造尺寸小、形状简单、切削速度低、进刀量小、工作温度不高的工具。

3.1 碳素工具钢的分类

按照 GB/T 1299—2014 《工模具钢》，共有 8 个牌号的碳素工具钢。常用碳素工具钢的牌号及化学成分如表 3-1 所示，如果是高级优质钢，则在牌号后加 A。从表中可知，碳素工具钢的碳含量一般在 0.65% ~ 1.35%，钢号从 T7 ~ T13。工模具中用得比较多的是 T10、T12 这两种钢。

表 3-1　常用碳素工具钢的牌号及化学成分

牌号	化学成分 /%		
	C	Si	Mn
T7	0.65 ~ 0.74	≤ 0.35	≤ 0.40
T8	0.75 ~ 0.84	≤ 0.35	≤ 0.40
T8Mn	0.80 ~ 0.90	≤ 0.35	0.4 ~ 0.6
T9	0.85 ~ 0.94	≤ 0.35	≤ 0.40
T10	0.95 ~ 1.04	≤ 0.35	≤ 0.40
T11	1.05 ~ 1.14	≤ 0.35	≤ 0.40
T12	1.15 ~ 1.24	≤ 0.35	≤ 0.40
T13	1.25 ~ 1.35	≤ 0.35	≤ 0.40

3.2 碳素工具钢显微组织

3.2.1 退火态显微组织

碳素工具钢退火态组织主要有两种，一种为片状珠光体类的组织，另一种为球状珠光体类的组织。图3-1为T8钢普通退火态下的显微组织图，组织为片状珠光体；图3-2为T10钢普通退火态下的显微组织图，组织为白色的网状渗碳体＋片状珠光体。

(a) 放大倍数：200×

(b) 放大倍数：500×

材料：T8
状态：退火
组织：珠光体
腐蚀剂：4% 硝酸酒精溶液

图 3-1

(a) 放大倍数：200×

(b) 放大倍数：500×

(c) 放大倍数：1000×

图 3-2

材料：T10
状态：退火
组织：珠光体 + 网状渗碳体
腐蚀剂：4% 硝酸酒精溶液

图 3-3 为 T12 钢普通退火态下的显微组织图（4% 硝酸酒精腐蚀），组织为白色的网状渗碳体＋珠光体。图 3-4 也为 T12 钢普通退火态下的显微组织图，此时，采用碱性苦味酸钠溶液腐蚀，组织为黑色网状渗碳体＋珠光体，渗碳体染成黑色。

(a) 放大倍数：200×

(b) 放大倍数：500×

材料：T12
状态：退火
组织：珠光体＋网状渗碳体
腐蚀剂：4% 硝酸酒精溶液

图 3-3

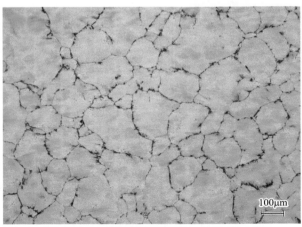

(a) 放大倍数：100×

(b) 放大倍数：200×

(c) 放大倍数：500×

材料：T12
状态：退火
组织：珠光体 + 网状渗碳体（染黑）
腐蚀剂：碱性苦味酸钠溶液

图 3-4

图 3-5 也为 T12 钢普通退火态下的显微组织图，组织为片状珠光体 + 部分粒状渗碳体 + 白色网状渗碳体。

材料：T12
状态：退火
组织：珠光体 + 网状渗碳体 + 粒状渗碳体
腐蚀剂：4% 硝酸酒精溶液
放大倍数：500×

图 3-5

为了使碳素工具钢中的碳化物呈球状并均匀分布，同时改善其切削加工性能，为最终热处理做好组织准备，碳素工具钢必须进行球化退火处理。图 3-6 为 T10 钢球化退火态下的显微组织图，组织为球状珠光体，碳化物的大小合适且分布比较均匀；图 3-7 也为 T10 钢球化退火态下的显微组织图，组织为球状珠光体＋少量细片状珠光体，这是球化退火欠热的显微组织，产生这种组织的原因可能是退火加热温度偏低或保温时间过短，导致一部分细片状珠光体未能发生球化从而保留了下来。

(a) 放大倍数：500×

(b) 放大倍数：1000×

材料：T10
状态：球化退火
组织：球状珠光体
腐蚀剂：4% 硝酸酒精溶液

图 3-6

(a) 放大倍数：500×

材料：T10
状态：球化退火
组织：球状珠光体 +
　　　少量细片状珠光体
腐蚀剂：4% 硝酸酒精溶液

(b) 放大倍数：1000×

图 3-7

　　图 3-8 也为 T10 钢球化退火后的显微组织图，组织为球状珠光体，其中碳化物尺寸差异较大，部分呈大颗粒状，部分呈细点状。这种组织属于球化过热，可能是炉温不均匀导致的。

(a) 放大倍数：500×

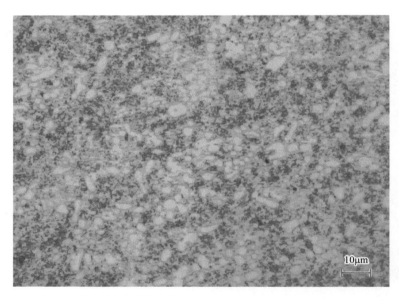

材料：T10
状态：球化退火
组织：球状珠光体 +
　　　点状珠光体
腐蚀剂：4% 硝酸酒精溶液

(b) 放大倍数：1000×

图 3-8

　　图 3-9 也为 T10 钢球化退火后的显微组织图，组织为球状珠光体，其中碳化物大部分呈大颗粒状，也属于球化退火过热组织。

　　图 3-6 ~ 图 3-9 均为 T10 钢球化退火状态下的显微组织图，但因其球化退火工艺参数的不同或加热设备的原因，球化退火后的显微组织也存在较多差异。通常 T10 钢球化退火后希望获得的球化组织为碳化物大小合适、分布均匀的球状珠光体。

(a) 放大倍数：500×

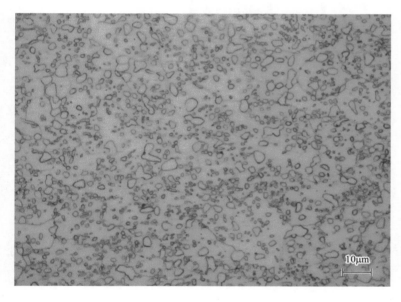

(b) 放大倍数：1000×

材料：T10
状态：球化退火
组织：球状珠光体
腐蚀剂：4% 硝酸酒精溶液

图 3-9

　　图 3-10 为 T12 钢高温退火后的显微组织图，显微组织为片状珠光体 + 网状渗碳体 + 球状石墨。出现石墨的主要原因是该材料退火加热温度过高，保温时间较长，导致部分渗碳体发生分解，析出了石墨碳。碳素工具钢中出现石墨碳，将显著降低材料的力学性能，使材料的韧性降低，脆性增加，制成的刀具易崩刃和剥落。出现这种情况，刀具一般作报废处理。

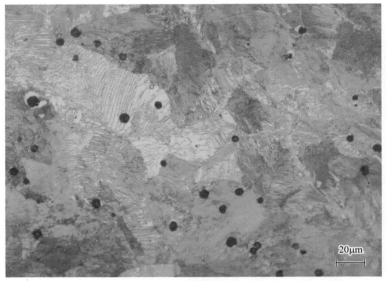

(a) 放大倍数：500×

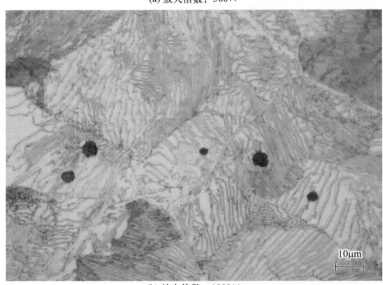

(b) 放大倍数：1000×

图 3-10

材料：T12
状态：高温退火
组织：片状珠光体 + 网状渗
　　　碳体 + 球状石墨
腐蚀剂：4% 硝酸酒精溶液

3.2.2　正火态显微组织

　　碳素工具钢正火态组织一般为索氏体或索氏体 + 碳化物。图 3-11 为 T12 钢普通退火后经 850℃正火的显微组织图，显微组织为索氏体 + 网状渗碳体 + 粒状渗碳体。在较小放大倍数下，粒状渗碳体不太容易观察到［图 3-11（a）］，随着放大倍数的增加，可以观察到部分网状碳化物并不连续，已经分解成粒状；还有部分视场中，网状碳化物已消失；同时，在晶粒内部，即索氏体基体上也可以观察到部分粒状碳化物。T12 钢 850℃正火后还不能消除钢中的网状渗碳体，这可能是加热温度较低、保温时间太短导致的。

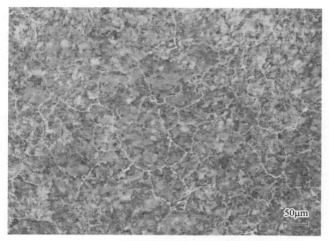

(a) 放大倍数：200×

(b) 放大倍数：500×

(c) 放大倍数：1000×

图 3-11

材料：T12
状态：850℃正火
组织：索氏体 + 网状渗碳体 +
　　　粒状渗碳体
腐蚀剂：4% 硝酸酒精溶液

图 3-12 为 T12 钢 920℃ 正火后的显微组织图，显微组织为索氏体，与 T12 钢 850℃ 正火相比，由于加热温度较高，网状碳化物已完全消失，显微组织全部为索氏体，在 500× 放大倍数下［图 3-12（a）］，无法观察到索氏体中铁素体和渗碳体的片间距，在 1000× 放大倍数下，可以观察到索氏体中铁素体和渗碳体的片间距［图 3-12（b）］。

(a) 放大倍数：500×

(b) 放大倍数：1000×

材料：T12
状态：920℃正火
组织：索氏体
腐蚀剂：4%硝酸酒精溶液

图 3-12

图 3-13 为 T13 钢高温正火后的显微组织图，显微组织为索氏体＋网状渗碳体＋针状渗碳体（渗碳体魏氏组织）。出现渗碳体魏氏组织主要是由于正火加热温度过高，冷却速度较快，渗碳体从奥氏体晶界上沿着奥氏体的一定晶面向晶内生长，呈针状析出，形成渗碳体魏氏组织。魏氏组织的出现会降低钢的力学性能，使钢的塑性和冲击韧性降低，一般需要通过正火处理来加以消除。

(a) 放大倍数：200×

(b) 放大倍数：500×

(c) 放大倍数：1000×

图 3-13

材料：T13
状态：高温正火
组织：索氏体 + 网状渗碳体 +
　　　针状渗碳体
腐蚀剂：4% 硝酸酒精溶液

3.2.3 淬火态显微组织

　　碳素工具钢淬火态组织为马氏体或马氏体＋碳化物，根据牌号以及淬火工艺的不同，淬火态组织略有不同。图 3-14 为 T8 钢 880℃水冷后的显微组织图，组织为细针状马氏体＋残余奥氏体；图 3-15 为 T8 钢 950℃水冷后的显微组织图，为较粗大的针状马氏体＋残余奥氏体，隐约可见原奥氏体晶粒；图 3-16 为 T8 钢 1020℃水冷后的显微组织图，为粗大的针状马氏体＋残余奥氏体；图 3-17 为 T8 钢等温淬火后在不同放大倍数下的显微组织图，为上贝氏体＋马氏体＋残余奥氏体；图 3-18 为 T8 钢等温淬火后的显微组织图，为上贝氏体＋下贝氏体＋马氏体＋残余奥氏体。

材料：T8
状态：880℃水冷
组织：细针状马氏体 ＋
　　　残余奥氏体
腐蚀剂：4% 硝酸酒精溶液
放大倍数：500×

图 3-14

(a) 放大倍数：500×

(b) 放大倍数：1000×

图 3-15

材料：T8
状态：950℃水冷
组织：较粗大针状马氏体 + 残余奥氏体
腐蚀剂：4% 硝酸酒精溶液

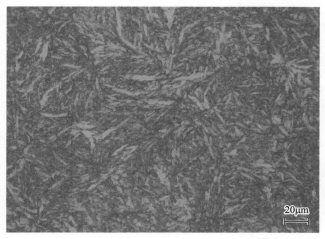

图 3-16

材料：T8
状态：1020℃水冷
组织：粗大针状马氏体 + 残余奥氏体
腐蚀剂：4% 硝酸酒精溶液
放大倍数：500×

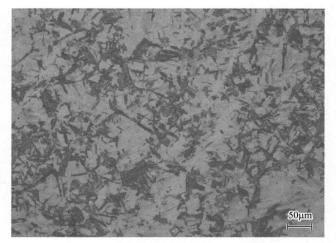

(a) 放大倍数：200×

图 3-17

(b) 放大倍数：500×

材料：T8
状态：等温淬火
组织：上贝氏体 + 马氏体 + 残余
　　　奥氏体
腐蚀剂：4% 硝酸酒精溶液

图 3-17

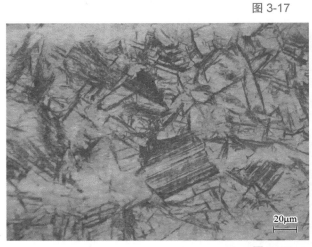

材料：T8
状态：等温淬火
组织：上贝氏体 + 下贝氏体 + 马氏体 +
　　　残余奥氏体
腐蚀剂：4% 硝酸酒精溶液
放大倍数：500×

图 3-18

图 3-19 为 T8 钢 880℃端淬后过渡区在不同放大倍数下的显微组织图，组织为屈氏体 + 马氏体，屈氏体沿原奥氏体晶界析出，呈现为黑色网状特征，浅颜色组织为马氏体。

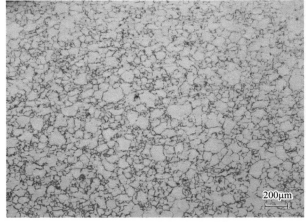

(a) 放大倍数：50×

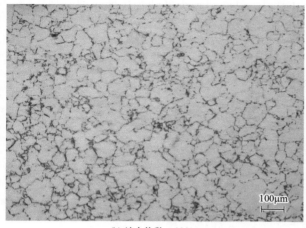

材料：T8
状态：880℃端淬
组织：屈氏体 + 马氏体（过渡区）
腐蚀剂：4% 硝酸酒精溶液

(b) 放大倍数：100×

图 3-19

图 3-20 为 T10 钢 760℃水淬后在不同放大倍数下的显微组织图，组织为隐晶马氏体 + 未溶碳化物 + 残余奥氏体，其为 T10 钢正常淬火态组织。

(a) 放大倍数：200×

材料：T10
状态：760℃水淬
组织：隐晶马氏体 + 未溶碳化物 +
　　　残余奥氏体
腐蚀剂：4% 硝酸酒精溶液

(b) 放大倍数：500×

图 3-20

图 3-21 为 T12 钢 950℃水淬的显微组织图，显微组织为针状马氏体＋残余奥氏体，可见原奥氏体晶界，晶粒粗大，晶粒度级别为 0 ～ 1 级。

材料：T12
状态：950℃水淬
组织：针状马氏体＋
　　　残余奥氏体
腐蚀剂：4% 硝酸酒精溶液
放大倍数：100×

图 3-21

图 3-22 为 T12 在 1000℃水淬后的显微组织，组织为粗大针状马氏体＋残余奥氏体＋沿晶裂纹，图 3-22（a）显示了一个完整晶粒的晶界裂纹。这是由于加热温度太高，奥氏体晶粒粗大，淬火应力很大，从而出现沿晶裂纹。

(a) 放大倍数：200×

(b) 放大倍数：200×

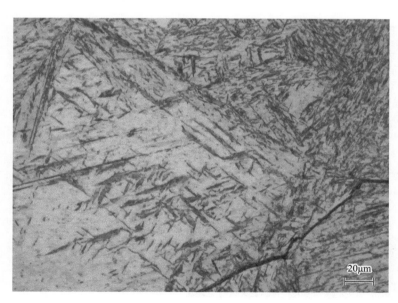

(c) 放大倍数：500×

材料：T12
状态：1000℃水淬
组织：粗大针状马氏体 + 残余
　　　奥氏体 + 沿晶裂纹
腐蚀剂：4% 硝酸酒精溶液

图 3-22

　　图 3-23 为 T12 钢 1050℃淬火后的组织，为粗大的马氏体 + 残余奥氏体；图 3-24 为 T13 钢 1100℃淬火后的组织，为粗大针状马氏体 + 较多的残余奥氏体，可以观察到一部分原奥氏体晶界，出现过热的现象。

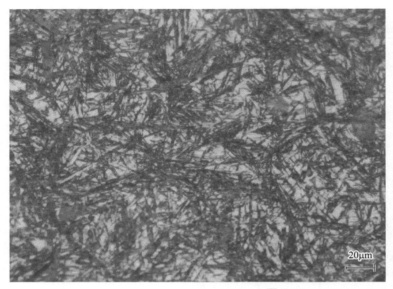

材料：T12
状态：1050℃淬火
组织：粗大针状马氏体 +
　　　残余奥氏体
腐蚀剂：4% 硝酸酒精溶液
放大倍数：500 ×

图 3-23

材料：T13
状态：1100℃淬火
组织：粗大针状马氏体 +
　　　较多残余奥氏体 +
　　　奥氏体晶界
腐蚀剂：4% 硝酸酒精溶液
放大倍数：500 ×

图 3-24

　　图 3-25 为 T13 钢 1100℃淬火后的显微组织图，组织为粗大针状马氏体 + 较多沿晶分布的莱氏体 + 较多残余奥氏体，属于典型的过烧的显微组织。在 1000 × 放大倍数下〔图 3-25（d），粗大针状马氏体的中脊线清晰可见。和上述图 3-24 相比，加热温度相同，均为 1100℃，但由于保温时间不同，T13 材料 1100℃淬火后的显微组织也存在较大差异。

(a) 放大倍数：100×

(b) 放大倍数：200×

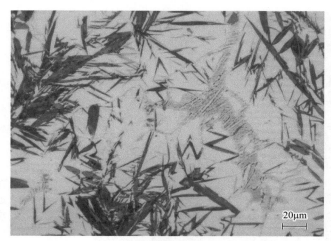

(c) 放大倍数：500×

图 3-25

材料：T13
状态：1100℃淬火
组织：粗大针状马氏体 +
　　　较多残余奥氏体 +
　　　较多莱氏体
腐蚀剂：4% 硝酸酒精溶液

(d) 放大倍数：1000×

图 3-25

3.2.4　回火态显微组织

碳素工具钢最终热处理为淬火 + 低温回火，正常淬火、低温回火后，组织为回火马氏体 + 碳化物 + 残余奥氏体。图 3-26 为 T10 钢 760℃淬火、180℃回火后的组织，组织为回火马氏体 + 碳化物 + 少量残余奥氏体，黑色的基体为回火马氏体，白色的颗粒状组织为碳化物。图 3-27 也为 T10 钢 760℃淬火、180℃回火后的组织，组织为回火马氏体 + 网状碳化物 + 少量残余奥氏体，碳化物呈现网状特征，这可能是由于原材料碳化物网状严重，前期未进行高温正火处理来加以消除。图 3-28 为 T12 钢 1100℃淬火、200℃回火后的组织，为回火针状马氏体 + 残余奥氏体。

材料：T10
状态：760℃淬火、180℃回火
组织：回火马氏体 + 碳化物 +
　　　少量残余奥氏体
腐蚀剂：4% 硝酸酒精溶液
放大倍数：500×

图 3-26

50μm

(a) 放大倍数：200×

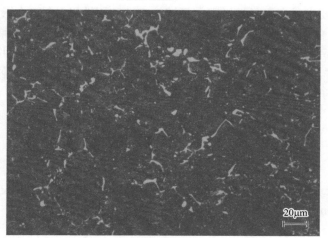

20μm

(b) 放大倍数：500×

图 3-27

材料：T10
状态：760℃淬火、180℃回火
组织：回火马氏体 + 网状碳化物 +
　　　少量残余奥氏体
腐蚀剂：4% 硝酸酒精溶液

20μm

材料：T12
状态：1100℃淬火、200℃回火
组织：回火针状马氏体 + 较多残余奥
　　　氏体
腐蚀剂：4% 硝酸酒精溶液
放大倍数：500×

图 3-28

第四章
弹簧钢及其显微组织

弹簧钢用来制造各种弹性元件，要求具有高弹性极限、足够的韧性和塑性以及较高的疲劳强度。常用的弹簧钢为碳素钢和合金弹簧钢，碳素钢的碳含量为 0.6% ～ 1.05%，合金弹簧钢的碳含量为 0.4% ～ 0.74%。弹簧钢中主要合金元素为 Si、Mn、Cr 和 V 等，其中 Si 用于提高弹性极限；Mn 和 Cr 用于提高淬透性；V 用于提高淬透性和细化晶粒。为保证弹簧钢具有高的疲劳寿命，要求弹簧钢的纯净度要高，非金属夹杂物要少。

4.1 弹簧钢的分类

根据 GB/T 1222—2016《弹簧钢》，弹簧钢共有 26 个牌号，常用的弹簧钢材料主要有 65 钢、70 钢、85 钢、65Mn 钢、60Si2Mn 钢、50CrV 钢、55SiCrV 钢等。

4.2 弹簧钢显微组织

4.2.1 热轧状态供货的弹簧钢显微组织

热轧供货状态一般采用完全退火，显微组织通常为片状珠光体 + 铁素体。图 4-1 为 65Mn 完全退火后的显微组织，显微组织为片状珠光体 + 网状铁素体，图中白色网状组织即为铁素体，其余为片状珠光体。

4.2.2 退火状态供货的弹簧钢显微组织

这类钢材主要以光亮退火状态供应，显微组织为粒状珠光体。图 4-2 为 65Mn 光亮退火后的显微组织图，组织为粒状珠光体，部分碳化物颗粒较粗大，说明退火温度偏高或保温时间过长。图 4-3 为 60Si2Mn 光亮退火后的显微组织图，组织为粒状珠光体，碳化物颗粒较细小，且分布较均匀。

材料：65Mn
状态：完全退火
组织：片状珠光体 + 网状铁素体
腐蚀剂：4% 硝酸酒精溶液
放大倍数：500×

图 4-1

(a) 放大倍数：500×

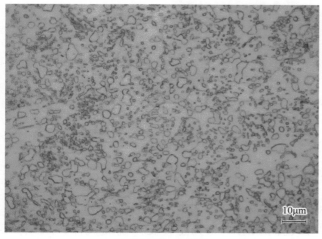

(b) 放大倍数：1000×

材料：65Mn
状态：光亮退火
组织：粒状珠光体
腐蚀剂：4% 硝酸酒精溶液

图 4-2

(a) 放大倍数：500×

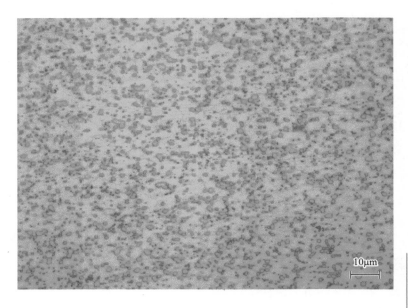

材料：60Si2Mn
状态：光亮退火
组织：粒状珠光体
腐蚀剂：4% 硝酸酒精溶液

(b) 放大倍数：1000×

图 4-3

4.2.3　等温淬火的弹簧钢显微组织

图 4-4 为 65Mn 在 860℃加热，520℃等温得到的显微组织，为屈氏体＋上贝氏体＋马氏体，图中沿原奥氏体晶界析出的黑色网状组织为高温转变产物屈氏体，从原奥氏体晶界向晶内生长的，呈现为羽毛状的黑色组织为中温转变产物上贝氏体，其余浅颜色的为马氏体。

(a) 放大倍数：200×

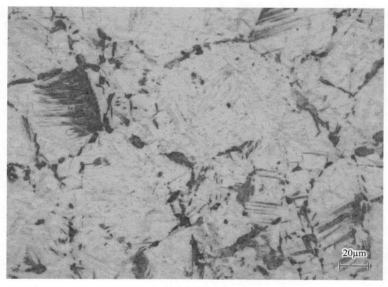

(b) 放大倍数：500×

材料：65Mn
状态：860℃加热，520℃等温
组织：屈氏体＋上贝氏体＋
　　　马氏体
腐蚀剂：4% 硝酸酒精溶液

图 4-4

　　图 4-5 为 65Mn 在 860℃加热，热油中淬火得到的显微组织，为屈氏体＋上贝氏体＋下贝氏体＋马氏体，图中黑色网络状、团状组织为高温转变产物屈氏体，从原奥氏体晶界向晶内生长的黑色的羽毛状组织为中温转变上部分的转变产物上贝氏体，原奥氏体晶粒内部的黑色细小针状组织为中温转变下部分转变产物下贝氏体，其余浅色组织为低温转变产物马氏体。

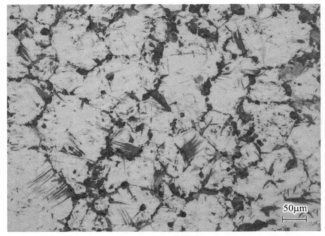

(a) 放大倍数：200×

(b) 放大倍数：500×

(c) 放大倍数：500×

图 4-5

材料：65Mn
状态：860℃加热，热油中淬火
组织：屈氏体 + 上贝氏体 +
　　　下贝氏体 + 马氏体
腐蚀剂：4% 硝酸酒精溶液

4.2.4　弹簧钢淬火态的显微组织

图 4-6 为 65Mn 弹簧钢 830℃油冷的显微组织图，显微组织为混合马氏体，即既有板条马氏体也有针状马氏体。图中浅颜色的为板条马氏体，黑色组织为针状马氏体。

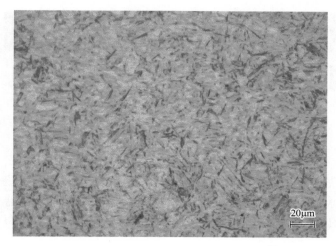

材料：65Mn
状态：830℃油冷
组织：混合马氏体
腐蚀剂：4% 硝酸酒精溶液
放大倍数：500×

图 4-6

4.2.5　弹簧钢淬火、回火态的显微组织

弹簧钢的最终热处理通常为淬火＋中温回火，经过淬火＋中温回火处理后，弹簧钢可以获得回火屈氏体组织，回火屈氏体具有较高的弹性极限和一定的冲击韧性。图 4-7 为 65Mn 经 830℃油冷，450℃回火后的显微组织图，显微组织为回火屈氏体，隐约可见原马氏体的位向。

材料：65Mn
状态：830℃油冷，450℃回火
组织：回火屈氏体
腐蚀剂：4% 硝酸酒精溶液
放大倍数：500×

图 4-7

第五章
轴承钢及其显微组织

滚动轴承是各种机械传动部分的基础零件之一。滚动轴承由内外圈、滚动体（滚珠、滚柱、滚锥、滚针）及保持架组成。轴承钢是用来制造轴承内外套圈和滚动体的钢，而保持器常用 08F 钢和 10 钢制造。根据轴承的工作条件和破坏形式，轴承钢应具有高的硬度、耐磨性、接触疲劳强度以及弹性极限。

5.1　轴承钢的分类

1976 年国际标准化组织（ISO）将一些通用的轴承钢号纳入国际标准，将轴承钢分为高碳铬轴承钢、渗碳轴承钢、不锈轴承钢、高温轴承钢等四类。

①　高碳铬轴承钢：如 GCr15，其碳含量 1% 左右、铬含量 1.5% 左右。为了提高硬度、耐磨性和淬透性，适当加入一些硅、锰、钼等元素，如 GCr15SiMn。这类轴承钢产量最大，占所有轴承钢产量的 95% 以上。

②　渗碳轴承钢：碳含量为 0.08% ～ 0.23% 的铬、镍、钼合金结构钢，制成轴承零件后表面进行碳氮共渗，以提高其硬度和耐磨性，这类钢用于制造承受强冲击载荷的大型轴承，如大型轧机轴承、汽车轴承、矿机轴承和铁路车辆轴承等。

③　不锈轴承钢：有高碳、中碳铬不锈轴承钢，如 95Cr18、90Cr18MoV、40Cr13 等，这类钢用于制造不锈耐腐蚀的轴承。

④　高温轴承钢：在高温（300 ～ 500℃）下使用，要求钢在使用温度下具有一定的红硬性和耐磨性，大多选用高速工具钢代用，如 W18Cr4V、W9Cr4V、W6Mo5Cr4V2、Cr14Mo4 和 Cr4Mo4V 等。

由上述轴承钢的分类可知，轴承钢的种类较多，本章主要介绍常用的高碳铬轴承钢的显微组织。

5.2　轴承钢显微组织

高碳铬轴承钢的热处理主要包括预先热处理和最终热处理，预先热处理通常指球化退火工艺，主要目的是降低锻造后材料的硬度，改善碳化物的形态，使其成为球状碳化物，为最终热处理做好组织准备，其组织为球状珠光体。最终热处理为淬火＋低温回火，其组织为回火马氏体＋碳化物＋少量残余奥氏体。以下为高碳铬轴承钢 GCr15 在不同状态下的显微组织。

5.2.1 锻造显微组织

　　轴承钢正常锻造后的组织应为片状珠光体或片状珠光体＋少量碳化物，但如果锻造工艺不当就会出现一些异常组织。图 5-1 为 GCr15 钢锻造后出现异常组织的显微组织图，显微组织为针状马氏体＋较多莱氏体＋残余奥氏体，图 5-1 中可见大量的莱氏体组织，有部分莱氏体呈现为典型的鱼骨状特征。形成这类组织主要是锻造温度太高，冷却速度太快导致的。锻造温度太高，导致晶界熔化。冷却速度太快，导致晶界熔化部分析出莱氏体共晶组织，为典型的过烧组织。出现过烧现象的轴承钢，无法做修复处理，只能报废。

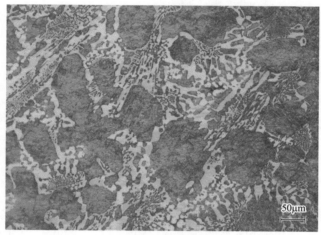

(a) 放大倍数：200×

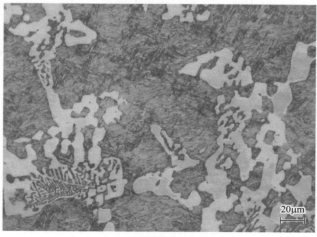

(b) 放大倍数：500×

图 5-1

(c) 放大倍数：1000×

材料：GCr15
状态：锻造
组织：针状马氏体 + 莱氏体 +
　　　残余奥氏体
腐蚀剂：4% 硝酸酒精溶液

(d) 放大倍数：1000×

图 5-1

5.2.2　球化退火显微组织

　　高碳铬轴承钢球化退火后的组织为球状珠光体。图5-2为GCr15球化退火后的显微组织，白色的基体为铁素体，白色的颗粒状组织为碳化物，硬度一般低于210HBW。可以看出，在相同放大倍数下，图5-2（b）中碳化物颗粒明显大于图5-2（a）中的。

(a)

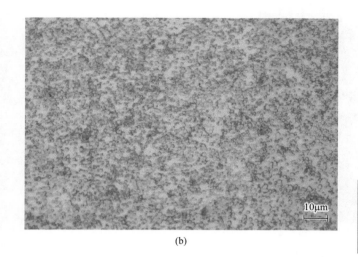

材料：GCr15
状态：球化退火
组织：球状珠光体
腐蚀剂：4% 硝酸酒精溶液
放大倍数：1000×

(b)

图 5-2

5.2.3　淬火显微组织

高碳铬轴承钢正常淬火组织为隐晶马氏体和隐针马氏体＋碳化物＋残余奥氏体。如果加热温度过高，溶入奥氏体中的碳和合金元素增加，使得马氏体转变开始温度下降，从而得到大量的粗大马氏体及较多的残余奥氏体，其属于过热组织，过热组织使得材料的硬度下降，强度和冲击韧性降低，材料开裂倾向增大。图 5-3 为 GCr15 在 840℃加热油冷正常淬火的显微组织，组织为隐晶马氏体和隐针马氏体＋碳化物＋残余奥氏体；图 5-4 也为 GCr15在 840℃加热油冷的显微组织，图上黑色的针状组织为马氏体，白色的组织为残余奥氏体，这是严重的过热组织，尽管热处理加热温度也为 840℃，但是相较于图 5-3，针状马氏体非常粗大且残余奥氏体非常多，这是热处理炉跑温导致的。

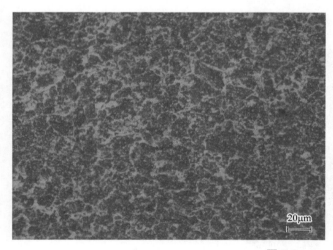

材料：GCr15
状态：840℃油冷
组织：隐晶马氏体和隐针马氏体＋
　　　碳化物＋残余奥氏体
腐蚀剂：4% 硝酸酒精溶液
放大倍数：500×

图 5-3

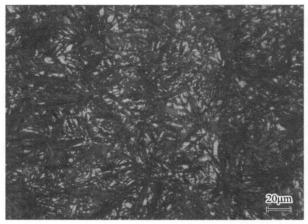

材料：GCr15
状态：840℃油冷
组织：针状马氏体 + 残余奥氏体
腐蚀剂：4% 硝酸酒精溶液
放大倍数：500×

图 5-4

　　图 5-5 为 GCr15 在 940℃加热油冷后的显微组织，显微组织为针状马氏体 + 残余奥氏体。在图 5-5（a）中，隐约可见原奥氏体晶界，奥氏体晶粒粗大，晶粒度级别为 3 级，这也是过热组织。

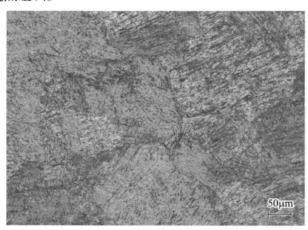

(a) 放大倍数：200×

(b) 放大倍数：500×

材料：GCr15
状态：940℃油冷
组织：针状马氏体 + 残余奥氏体
腐蚀剂：4% 硝酸酒精溶液

图 5-5

5.2.4　回火显微组织

　　高碳铬轴承钢淬火、低温回火后的组织为回火马氏体＋碳化物＋少量残余奥氏体。图 5-6 为 GCr15 在 850℃加热油冷，180℃回火后的组织。图 5-6（a）组织为回火马氏体＋粒状碳化物＋带状碳化物＋残余奥氏体；带状碳化物是钢锭在凝固时，由结晶偏析所形成的碳化物富集处，经热加工和热处理后形成的。轴承钢中带状碳化物的存在，将使淬火后组织差异较大，硬度不均匀，在碳化物和合金元素贫乏处容易出现过热现象，当轴承在较高的接触应力和交变载荷作用下，组织的不均匀将导致轴承使用寿命降低。图 5-6（b）组织为回火马氏体＋粒状碳化物＋带状碳化物＋硫化物夹杂＋残余奥氏体，硫化物呈灰色长条状，根据 GB/T 10561—2023《钢中非金属夹杂物含量的测定　标准评级图显微检验法》，夹杂物级别为 AH1.0。图 5-6（c）组织为回火马氏体＋带状碳化物＋碳化物液析＋残余奥氏体。图 5-6d 组织为回火马氏体＋粒状碳化物＋带状碳化物＋碳化物液析＋残余奥氏体，碳化物液析是钢锭在凝固时，由于枝晶偏析所形成的伪共晶碳化物，一般尺寸较大，呈块状分布。

(a) 放大倍数：500×

(b) 放大倍数：50×

图 5-6

(c) 放大倍数：500×

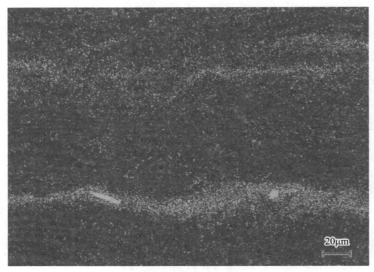

(d) 放大倍数：500×

材料：GCr15
状态：850℃加热油冷，
　　　180℃回火
组织：回火马氏体＋碳化物＋
　　　残余奥氏体
腐蚀剂：4% 硝酸酒精溶液

图 5-6

　　图 5-7 组织为回火马氏体＋粒状碳化物＋带状碳化物＋碳化物液析＋硫化物夹杂＋残余奥氏体。图 5-8 组织为回火马氏体＋粒状碳化物＋碳化物液析＋残余奥氏体，粒状碳化物分布极不均匀。图 5-9 组织为回火马氏体＋粒状碳化物＋网状碳化物＋残余奥氏体，根据 GB/T 18254—2016《高碳铬轴承钢》，图 5-9（a）中碳化物网状级别为 1 级，图 5-9（b）～图 5-9（e）中碳化物网状级别为 3 级。轴承钢中网状碳化物除了降低钢的横向力学性能外，还会导致轴承钢在淬火时产生较大的组织应力，产生变形和开裂。网状碳化物的消除一方面可以在轧制（锻造）工艺上采取措施，控制终轧或终锻温度，在轧制（锻造）后采用快冷（风冷或喷雾冷却）方式，可以防止网状碳化物的析出；另一方面也可以在球化退火前采用正火工艺来加以消除。

材料：GCr15
状态：850℃加热油冷，180℃回火
组织：回火马氏体 + 粒状碳化物 +
　　　带状碳化物 + 碳化物液析 +
　　　硫化物夹杂 + 残余奥氏体
腐蚀剂：4% 硝酸酒精溶液
放大倍数：50 ×

图 5-7

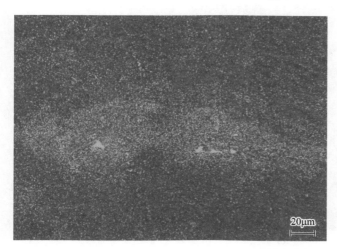

材料：GCr15
状态：850℃加热油冷，180℃回火
组织：回火马氏体 + 粒状碳化物 +
　　　碳化物液析 + 残余奥氏体
腐蚀剂：4% 硝酸酒精溶液
放大倍数：500 ×

图 5-8

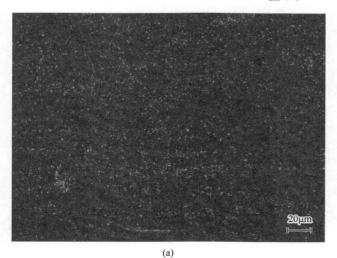

(a)

图 5-9

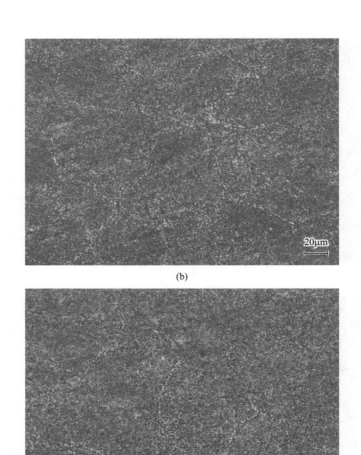

(b)

(c)

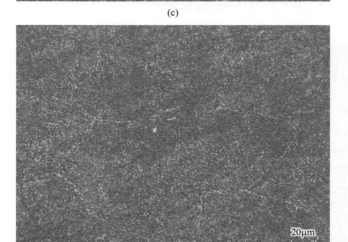

(d)

金属材料
显微组织图谱

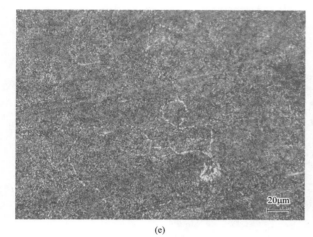

材料：GCr15
状态：850℃加热油冷，180℃回火
组织：回火马氏体＋粒状碳化物＋
　　　网状碳化物＋残余奥氏体
腐蚀剂：4%硝酸酒精溶液
放大倍数：500×

(e)

图 5-9

　　图 5-10 也为 GCr15 在 850℃加热油冷，180℃回火后的组织。显微组织为回火马氏体＋粒状碳化物＋残余奥氏体，碳化物分布极不均匀，部分碳化物聚集分布。

(a) 放大倍数：500×

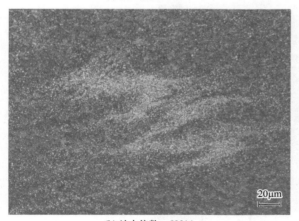

(b) 放大倍数：500×

图 5-10

材料：GCr15
状态：850℃加热油冷，
180℃回火
组织：回火马氏体＋粒状碳化
物＋残余奥氏体
腐蚀剂：4%硝酸酒精溶液

(c) 放大倍数：1000×

图 5-10

图 5-11 也为 GCr15 在 850℃加热油冷，180℃回火后的组织。在试样表面可以观察到一层白亮层，这层白亮层为二次淬火层，厚度约为 33μm。二次淬火层下方存在一层深色的高温回火层，为回火索氏体组织，高温回火层深度约为 45μm，二次淬火层和高温回火层的产生是零件加工过程中所采用的磨削工艺不当造成的。试样心部组织仍为回火马氏体＋碳化物＋残余奥氏体。

(a) 放大倍数：200×

材料：GCr15
状态：850℃加热油冷，
　　　180℃回火
表层组织：二次淬火层 + 高温
　　　　　回火层
心部组织：回火马氏体 + 碳化
　　　　　物 + 残余奥氏体
腐蚀剂：4% 硝酸酒精溶液

(b) 放大倍数：500×

图 5-11

图 5-12 也为 GCr15 在 850℃加热油冷，180℃回火后的组织。显微组织为回火马氏体 + 粒状碳化物 + 残余奥氏体 + 铁素体。显微组织中可观察到裂纹，且在裂纹两侧出现脱碳层，为铁素体组织，裂纹在淬火前就已经存在。

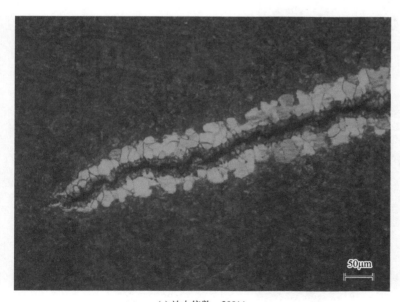

(a) 放大倍数：200×

图 5-12

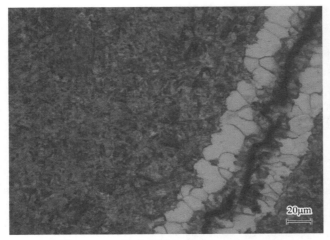

(b) 放大倍数：500×

材料：GCr15
状态：850℃加热油冷，180℃回火
组织：回火马氏体 + 粒状碳化物 +
　　　残余奥氏体 + 铁素体
腐蚀剂：4% 硝酸酒精溶液

图 5-12

　　图 5-13 为 GCr15 在调质后进行 850℃加热油冷，180℃回火后的组织。显微组织为回火马氏体 + 粒状碳化物 + 残余奥氏体。显微组织中也可观察到裂纹，和上述图 5-12 相比，裂纹两侧无脱碳层，裂纹为淬火时产生。

(a) 放大倍数：200×

(b) 放大倍数：500×

材料：GCr15
状态：调质后，850℃加热油冷，
　　　180℃回火
组织：回火马氏体 + 粒状碳化物 +
　　　残余奥氏体
腐蚀剂：4% 硝酸酒精溶液

图 5-13

第六章
模具钢显微组织

用来制造各种模具的钢称为模具钢。常用的模具钢主要分为冷作模具钢和热作模具钢。用于冷态金属成形的模具钢称为冷作模具钢，其工作温度一般不超过 200 ~ 300℃，如冷挤压模、冷拉模等。用于热态金属成形的模具钢称为热作模具钢，其工作温度可达 600℃，如热锻模、热挤压模等。

6.1　冷作模具钢显微组织

用于冷作模具的材料，要求具有高硬度、高强度和良好的耐磨性和韧性。冷作模具钢要求碳含量高，一般碳的质量分数为 0.8% ~ 2.3%，以保证淬火后硬度能达到 60HRC 左右。根据 GB/T 1299—2014《工模具钢》，冷作模具用钢共有 19 种牌号，常用的有 9Mn2V、9Cr06WMn、CrWMn、Cr12MoV、Cr12Mo1V1 以及 Cr12 等。其组织特点为：热处理后要求有一定的剩余碳化物，碳化物细小均匀。常用的冷作模具钢是 Cr12 型冷作模具钢。

图 6-1 为 Cr12MoV 球化退火态下的显微组织图，组织为索氏体 + 块状共晶碳化物 + 粒状二次碳化物。Cr12MoV 球化退火的目的主要是降低硬度，便于后续机械加工，同时消除锻造应力，为后续的热处理做好组织准备。

(a) 放大倍数：500×

图 6-1

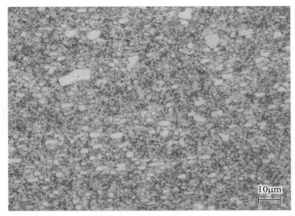

材料：Cr12MoV
状态：球化退火
组织：索氏体 + 块状共晶碳化物 +
　　　粒状二次碳化物
腐蚀剂：4% 硝酸酒精溶液

(b) 放大倍数：1000×

图 6-1

　　图 6-2 为 Cr8Mo2VSi（DC53）1040℃油冷后的显微组织，组织为淬火马氏体 + 二次碳化物 + 共晶碳化物 + 残余奥氏体，二次碳化物呈粒状，共晶碳化物呈现为白色大块状。

(a) 放大倍数：200×

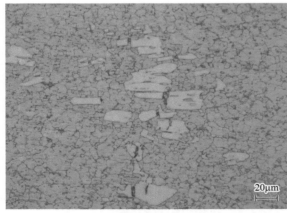

材料：Cr8Mo2VSi
状态：1040℃油冷
组织：淬火马氏体 + 共晶碳化物 +
　　　二次碳化物 + 残余奥氏体
腐蚀剂：10% 硝酸酒精溶液

(b) 放大倍数：500×

图 6-2

图 6-3 为 Cr12MoV 于 1000℃油冷后在不同放大倍数下的显微组织图，组织为淬火马氏体 + 二次碳化物 + 共晶碳化物 + 残余奥氏体；图 6-4 为 Cr12 钢 980℃油冷，180℃回火后在不同放大倍数下的显微组织，组织为回火马氏体 + 粒状碳化物 + 块状碳化物 + 残余奥氏体；图 6-5 为 Cr12 钢 1000℃加热油冷，200℃回火的显微组织，组织为回火马氏体 + 粒状碳化物 + 块状碳化物 + 残余奥氏体，和图 6-4 相比较，显微组织中共晶碳化物的大小明显减小，形态也明显改变，呈较大颗粒状，颗粒比较圆整，且分布也较均匀。

(a) 放大倍数：100×

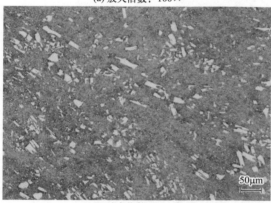

(b) 放大倍数：200×

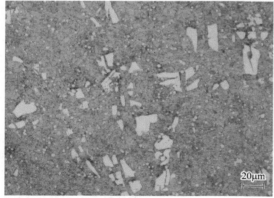

(c) 放大倍数：500×

材料：Cr12MoV
状态：1000℃油冷
组织：淬火马氏体 + 二次碳化物
　　　（粒状）+ 共晶碳化物（块状）+
　　　残余奥氏体
腐蚀剂：10% 硝酸酒精溶液

图 6-3

(a) 放大倍数：100×

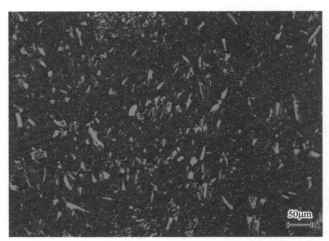

(b) 放大倍数：200×

(c) 放大倍数：500×

图 6-4

材料：Cr12
状态：980℃油冷，180℃回火
组织：回火马氏体 + 粒状碳
　　　化物 + 块状碳化物 +
　　　残余奥氏体
腐蚀剂：4% 硝酸酒精溶液

材料：Cr12
状态：1000℃油冷，200℃回火
组织：回火马氏体＋粒状碳化物＋
　　　块状碳化物＋残余奥氏体
腐蚀剂：4% 硝酸酒精溶液
放大倍数：500×

图 6-5

图 6-6 为 Cr12MoV 于 1000℃油冷，200℃回火后在不同放大倍数下的显微组织图，组织为回火马氏体＋碳化物＋残余奥氏体，其中小部分碳化物呈粒状分布，大部分碳化物呈网状分布，网状碳化物的存在是由于锻造工艺不当，碳化物形态未能很好地得到改善。

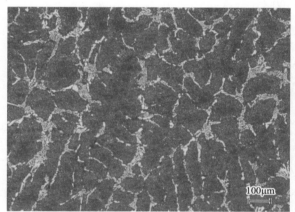

(a) 放大倍数：100×

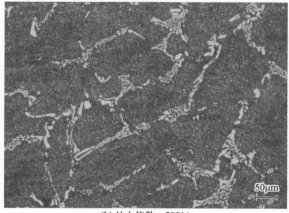

(b) 放大倍数：200×

图 6-6

(c) 放大倍数：500×

材料：Cr12MoV
状态：1000℃油冷，200℃回火
组织：回火马氏体＋粒状碳化物＋
　　　网状碳化物＋残余奥氏体
腐蚀剂：4% 硝酸酒精溶液

图 6-6

　　图 6-7 为 Cr12MoV 在 1100℃油冷后，200℃回火后的显微组织图，组织为回火针状马氏体＋带状碳化物＋大块状共晶碳化物＋残余奥氏体，其中大块状共晶碳化物的存在是由于锻造工艺不当，碳化物形态未能得到很好的破碎。

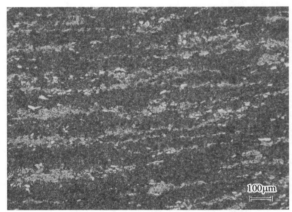

(a) 放大倍数：100×

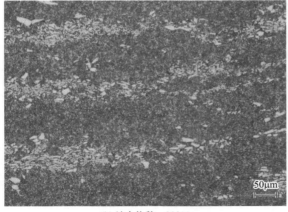

(b) 放大倍数：200×

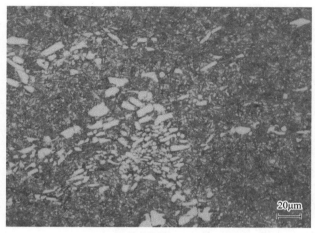

(c) 放大倍数：500×

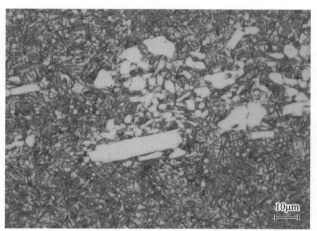

(d) 放大倍数：1000×

材料：Cr12MoV
状态：1100℃油冷，200℃回火
组织：回火针状马氏体 + 带状
　　　碳化物 + 大块状共晶碳
　　　化物 + 残余奥氏体
腐蚀剂：4% 硝酸酒精溶液

图 6-7

6.2　热作模具钢显微组织

　　热作模具钢主要用于制作在高温状态下金属进行成形的模具，如热锻模、热挤压模等。热作模具钢按合金元素总量，可分为低合金热作模具钢、中合金热作模具钢和高合金热作模具钢。

　　由于热作模具钢常常在急冷和急热的工况条件下工作，所以要求热作模具钢材料能稳定地保持各种力学性能，如热强性、热疲劳性等。根据 GB T 1299—2014《工模具钢》，热作模具用钢共有 22 种牌号，常用的有 3Cr2W8V、5Cr06NiMo、5Cr08MnMo、4Cr5MoSiV1A 以及 4Cr5MoSiV1 等。

　　图 6-8 为 4Cr5MoSiV1（H13）锻造状态下的显微组织图，组织为点状珠光体 + 网状碳化物。出现网状碳化物是由于终锻温度较高，锻后冷速较慢。

(a) 放大倍数：500×

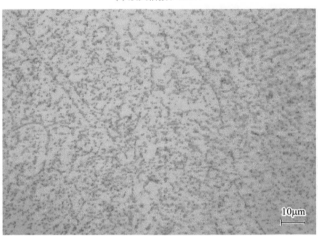

(b) 放大倍数：1000×

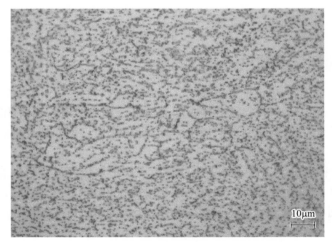

(c) 放大倍数：1000×

图 6-8

材料：4Cr5MoSiV1
状态：锻造
组织：点状珠光体 + 网状碳化物
腐蚀剂：4% 硝酸酒精溶液

图 6-9 为 4Cr5MoSiV1（H13）锻造退火后的显微组织图，组织为点状珠光体 + 少量网状碳化物。和上述锻造后的显微组织相比，锻造退火后显微组织中网状碳化物数量明显减少。

(a) 放大倍数：500×

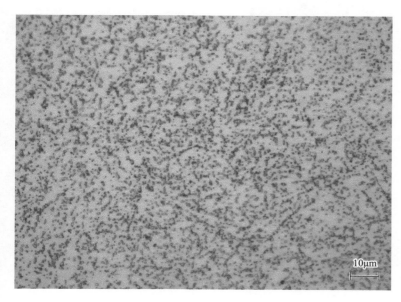

(b) 放大倍数：1000×

材料：4Cr5MoSiV1
状态：退火
组织：点状珠光体 +
　　　少量网状碳化物
腐蚀剂：4% 硝酸酒精溶液

图 6-9

图 6-10 为 4Cr5MoSiV1（H13）1050℃油冷，550℃三次回火后在不同放大倍数下的显微组织图，组织为回火马氏体 + 碳化物 + 残余奥氏体。

(a) 放大倍数：500×

(b) 放大倍数：1000×

图 6-10

材料：4Cr5MoSiV1
状态：1050℃油冷，550℃三次
　　　回火
组织：回火马氏体＋粒状碳化
　　　物＋残余奥氏体
腐蚀剂：4% 硝酸酒精溶液

第七章
高速钢及其显微组织

高速钢（HSS）以其制品能进行高速切削而得名，是一种具有高硬度、高耐磨性和高耐热性的工具钢，又称高速工具钢或锋钢，俗称白钢。高速钢是美国的 F.W. 泰勒和 M. 怀特于 1898 年创制的。

高速钢的工艺性能好，强度和韧性配合好，因此主要用来制造复杂的薄刃和耐冲击的金属切削刀具，也可制造高温轴承和冷挤压模具等。

7.1 高速钢的分类及其特点

高速钢是一种复杂的钢种，一般碳的质量分数在 0.70% ～ 1.65% 之间。合金元素含量较多，总量可达 10% ～ 25%。根据 GB/T 9943—2008《高速工具钢》，高速钢共有 19 个牌号，按照化学成分，高速钢可以分为钨系高速钢和钨钼系高速钢；按照性能，高速钢可以分为低合金高速钢、普通高速钢和高性能高速钢；按照用途不同，高速钢又可分为通用型和特殊用途两种。

7.1.1 钨系高速钢

钨含量约 9% ～ 18%，典型牌号有 W18Cr4V、W12Cr4V5Co5，其中 W18Cr4V 应用最为广泛。

7.1.2 钨钼系高速钢

钨含量约 5% ～ 12%，钼含量约 2% ～ 6%，典型牌号有 W6Mo5Cr4V2（简称 6542）、W6Mo5Cr4V3。

7.1.3 通用型高速钢

主要用于制造切削硬度≤300HB的金属材料的刀具（如钻头、丝锥、锯条）和精密刀具（如滚刀、插齿刀、拉刀），常用牌号有 W18Cr4V、W6Mo5Cr4V2 等。

7.1.4 特殊用途高速钢

包括钴高速钢和超硬型高速钢（硬度68～70HRC），主要用于制造切削难加工金属的刀具，常用牌号有 W12Cr4V5Co5、W2Mo9Cr4VCo8 等。

生产上习惯把钨系高速钢和钨钼系高速钢称为通用型高速钢，而把其他类型的高速钢称为特殊用途高速钢。

7.2 高速钢显微组织

7.2.1 铸态显微组织

高速钢属于莱氏体钢。钢锭在凝固时，由于冷却速度大于平衡冷却速度，因此合金元素来不及扩散，得到非平衡组织，因此其铸态组织为鱼骨状莱氏体＋黑色组织＋白色组织。黑色组织为奥氏体共析转变产物屈氏体，白色组织为马氏体＋残余奥氏体。高速钢铸态组织中，共晶莱氏体的粗细直接影响碳化物的不均匀程度，莱氏体粗大，锻、轧后碳化物不均匀程度增加，从而使得热处理工艺性能变差，因此高速钢铸造时应尽量采用较高的冷却速度，以便能获得细小的共晶莱氏体。图7-1为W18Cr4V高速钢在不同放大倍数下铸态的显微组织，组织为鱼骨状莱氏体＋黑色组织＋马氏体＋残余奥氏体。

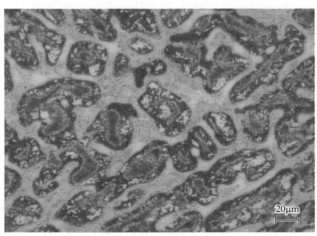

(a) 放大倍数：500×

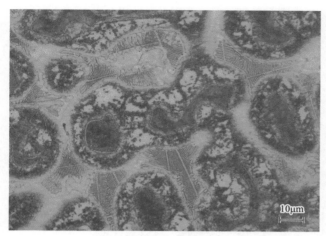

(b) 放大倍数：1000×

材料：W18Cr4V
状态：铸态
组织：鱼骨状莱氏体＋黑色组
　　　织＋马氏体＋残余奥氏体
腐蚀剂：10% 硝酸酒精溶液

图 7-1

7.2.2　退火显微组织

　　锻造使高速工具钢钢锭中的共晶莱氏体受外力作用而破碎，锻造变形量越大，破碎的碳化物均匀性越好。改锻后的高速钢应进行充分退火，使晶粒均匀。如果退火不充分，制成的刀具在热处理时易出现晶粒不均匀的情况，严重时会产生萘状断口，退火的质量在金相组织上不易判别，一般以退火后的硬度为判别标准，高速钢退火后的硬度约为 207 ～ 255HBW。图 7-2 为 W18Cr4V 高速钢在退火态下的显微组织，为索氏体＋碳化物。图 7-2（a）中碳化物呈块状和粒状；图 7-2（b）中碳化物呈粒状和网状。

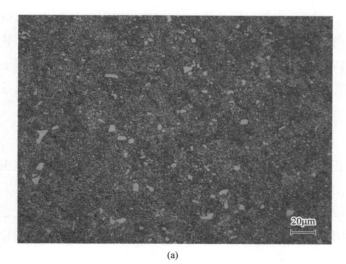

(a)

图 7-2

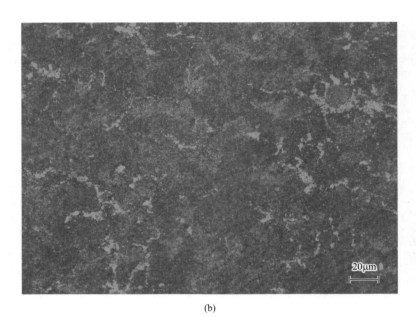

材料：W18Cr4V
状态：退火
组织：索氏体 + 碳化物
腐蚀剂：10% 硝酸酒精溶液
放大倍数：500×

(b)

图 7-2

7.2.3　淬火显微组织

高速钢含有大量的难溶合金碳化物，为了在淬火后能够获得高硬度的马氏体和回火后得到高的红硬性，必须使合金元素充分溶解到奥氏体中，所以高速钢淬火加热温度都很高，虽然高速钢的 A_{c1} 在 820 ～ 840℃范围，但淬火加热温度必须在 A_{c1}+400℃以上。高速钢淬火温度选择非常严格，因为淬火温度很高，稍有不当，组织就会恶化。通常 W18Cr4V 淬火加热温度为 1270 ～ 1285℃，W6Mo5Cr4V2 淬火加热温度为 1210 ～ 1230℃。高速钢淬火组织主要包括正常淬火组织、欠热淬火组织、过热淬火组织、过烧淬火组织、萘状断口组织以及等温淬火组织。

7.2.3.1　高速钢正常淬火组织

高速钢正常淬火后的组织为马氏体 + 碳化物 + 残余奥氏体。图 7-3 为 W18Cr4V 高速钢在 1280℃淬火态下的显微组织，组织为淬火马氏体 + 碳化物 + 残余奥氏体，马氏体晶粒大小合适，晶粒度级别为 9 ～ 10 级，碳化物分布均匀。图 7-4 为 W6Mo5Cr4V2 在不同放大倍数下 1210℃淬火态的显微组织，组织为淬火马氏体 + 粒状碳化物 + 网状碳化物 + 块状碳化物 + 残余奥氏体，晶粒度级别为 12 ～ 13 级，碳化物分布不均匀，碳化物形态有粒状、网状、尖角块状。

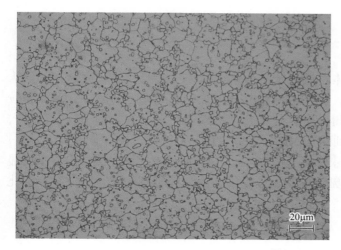

材料：W18Cr4V
状态：1280℃淬火
组织：淬火马氏体 + 碳化物 + 残余
　　　奥氏体
腐蚀剂：10% 硝酸酒精溶液
放大倍数：500×

图 7-3

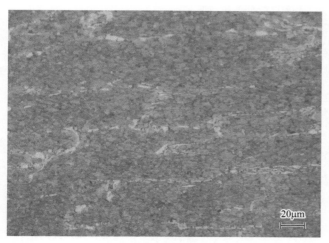

(a) 放大倍数：500×

材料：W6Mo5Cr4V2
状态：1210℃淬火
组织：淬火马氏体 + 粒状碳化物 +
　　　网状碳化物 + 块状碳化物 +
　　　残余奥氏体
腐蚀剂：10% 硝酸酒精溶液

(b) 放大倍数：1000×

图 7-4

7.2.3.2 高速钢欠热淬火组织

高速钢欠热淬火组织也为马氏体＋碳化物＋残余奥氏体。此时，由于高速钢的淬火温度较低，低于正常淬火加热温度，得到的组织晶粒较细，有时看不清晶界，碳化物较多。在此温度下，由于碳化物溶解得较少，很多合金元素还存在于碳化物中，所以溶入到奥氏体中的合金元素就较少，得到的马氏体硬度就较低，回火后二次硬化现象不明显，热硬性降低，从而降低了刀具的使用寿命。图 7-5 为 W18Cr4V 高速钢欠热淬火态下的显微组织，为马氏体＋碳化物＋残余奥氏体，晶粒较细，晶粒度级别为 11 ～ 12 级，碳化物细小且数量较多。

材料：W18Cr4V
状态：1250℃淬火
组织：淬火马氏体＋碳化
　　　物＋残余奥氏体
腐蚀剂：10% 硝酸酒精溶液
放大倍数：500×

图 7-5

7.2.3.3 高速钢过热淬火组织

高速钢过热淬火组织同样也为马氏体＋碳化物＋残余奥氏体。但此时由于高速钢的淬火加热温度高于正常淬火加热温度，会产生过热现象。显微组织特征是晶粒粗大，碳化物数量较少，由于在此温度下，大部分碳化物都溶入奥氏体中，奥氏体合金化程度较高，淬火、回火后高速钢具有较高的硬度和红硬性。但由于晶粒粗大，高速钢的冲击韧性降低，脆性增加。图 7-6 为 W18Cr4V 高速钢 1300℃过热淬火态下的显微组织，为马氏体＋碳化物＋残余奥氏体，晶粒粗大，晶粒度级别为 7 ～ 8 级，碳化物少而粗大。

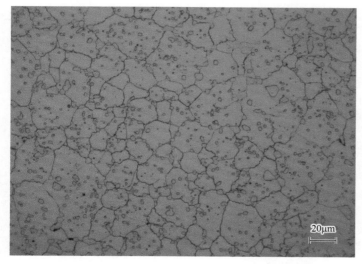

材料：W18Cr4V
状态：1300℃淬火
组织：淬火马氏体 + 碳化
　　　物 + 残余奥氏体
腐蚀剂：10% 硝酸酒精溶液
放大倍数：500×

图 7-6

7.2.3.4　高速钢过烧淬火组织

　　高速钢加热温度过高，过热组织进一步演化，就会形成过烧组织，其显微组织特征为晶粒明显长大，碳化物呈棱角状分布，数量也明显减少，晶界局部熔化可能生成一部分莱氏体组织，有时晶粒内部还会出现黑色组织，晶界出现熔化的孔洞等。高速钢过烧是一种不可挽救的缺陷组织。图 7-7 为 W18Cr4V 高速钢轻微过烧的显微组织，为马氏体 + 碳化物 + 残余奥氏体 + 少量莱氏体；图 7-8 为 W18Cr4V 高速钢 1320℃淬火严重过烧的显微组织，过烧组织均为黑色组织 + 莱氏体 + 马氏体 + 残余奥氏体，基体为马氏体 + 残余奥氏体，晶界处鱼骨状组织为莱氏体，黑色组织为索氏体和屈氏体的混合组织，被黑色组织包围的少量白色块状物为 δ 相。

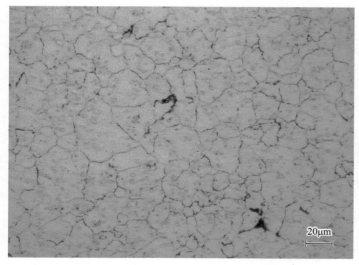

材料：W18Cr4V
状态：1310℃淬火
组织：淬火马氏体 + 碳化
　　　物 + 残余奥氏体 +
　　　少量莱氏体
腐蚀剂：10% 硝酸酒精溶液
放大倍数：500×

图 7-7

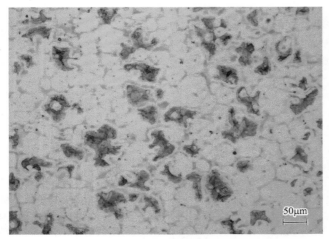

(a) 放大倍数：200×

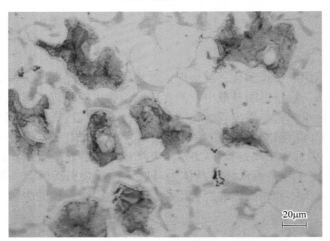

(b) 放大倍数：500×

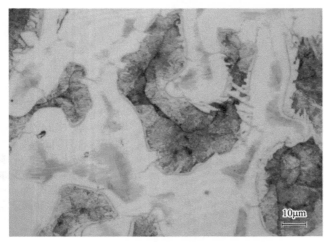

(c) 放大倍数：1000×

图 7-8

材料：W18Cr4V
状态：1320℃淬火
组织：黑色组织 + 莱氏体 + 淬
　　　火马氏体 + 残余奥氏体
腐蚀剂：10% 硝酸酒精溶液

7.2.3.5　高速钢萘状断口组织

　　高速钢萘状断口组织通常是由于热加工的终锻温度过高而产生的，在此温度区间，当奥氏体的塑性变形为其临界变形度时就会产生萘状断口；此外，当高速钢因淬火硬度过低或变形超差而需返修并重新淬火时，如果在第二次淬火前，未能进行充分退火处理，也易出现萘状断口。萘状断口的特征是断口可见闪亮的点或小平面，这是高速钢常见的一种缺陷。萘状断口显微组织为粗大的淬火马氏体＋碳化物＋残余奥氏体。图 7-9 为 W18Cr4V 高速钢 1280℃二次淬火后萘状断口的显微组织，可以看出晶粒特别粗大。

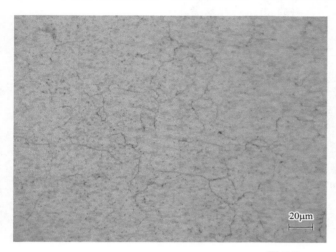

材料：W18Cr4V
状态：1280℃二次淬火
组织：淬火马氏体＋碳化物＋残余奥氏体
腐蚀剂：10% 硝酸酒精溶液
放大倍数：500×

图 7-9

7.2.3.6　高速钢等温淬火组织

　　对于高速钢，为了进一步减少变形并提高韧性，对于形状复杂、碳化物偏析严重的高速钢刀具，可采用等温淬火工艺。等温温度一般为 240～280℃，其组织为下贝氏体＋淬火马氏体＋碳化物＋残余奥氏体。图 7-10 为 W18Cr4V 高速钢等温淬火后在不同放大倍数下的显微组织图，组织为下贝氏体＋马氏体＋碳化物＋残余奥氏体。

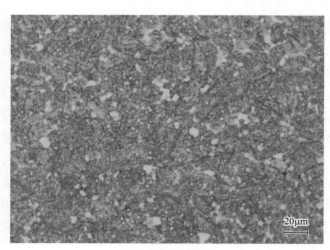

(a) 放大倍数：500×

图 7-10

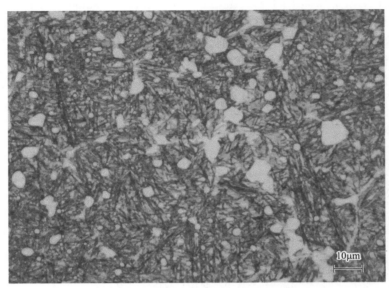

材料：W18Cr4V
状态：260℃等温淬火
组织：下贝氏体 + 淬火马氏
　　　体 + 碳化物 + 残余奥
　　　氏体
腐蚀剂：10% 硝酸酒精溶液

10μm

(b) 放大倍数：1000×

图 7-10

7.2.4　回火显微组织

　　高速钢淬火后存有大量的残余奥氏体，需要及时进行多次高温回火处理，从而使残余奥氏体转变完全，一般淬火后应进行三次高温回火处理。进行多次回火的目的是减少残余奥氏体的含量，稳定组织。回火程度的检验以回火马氏体的被腐蚀能力和奥氏体晶界消失程度作为评定依据。回火不充分时，在回火过程中新形成的马氏体引起的内应力得不到消除，从而使其应力较大，使用时极易发生刀具崩刃或开裂。高速钢充分高温回火后的组织为回火马氏体 + 碳化物 + 少量残余奥氏体。图 7-11 为 W18Cr4V 高速钢 1280℃淬火后经 200℃、300℃、400℃一次回火后的显微组织图。经 200℃、300℃、400℃一次回火后，W18Cr4V 高速钢显微组织基本和淬火态组织形貌相似，基本仍为淬火马氏体 + 碳化物 + 残余奥氏体，回火过程中少量转变得到的回火马氏体在显微组织上并没能观察到。图 7-12 为 W18Cr4V 高速钢 1280℃淬火后经 500℃、560℃以及 600℃一次回火后的显微组织图，显微组织为淬火马氏体 + 回火马氏体 + 碳化物 + 残余奥氏体。经 500℃、560℃一次回火后，奥氏体晶界仍然可见，经 600℃一次回火后，奥氏体晶界隐约可见，三种回火温度下，回火均不充分。图 7-13 为 W18Cr4V 高速钢淬火后，560℃三次高温回火后的显微组织图，组织为回火马氏体 + 碳化物 + 少量残余奥氏体，黑色的基体为回火马氏体，白色的颗粒状组织为碳化物，奥氏体晶界完全消失，回火充分。

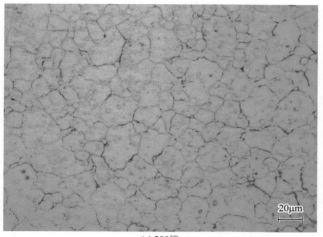

(a) 200℃

(b) 300℃

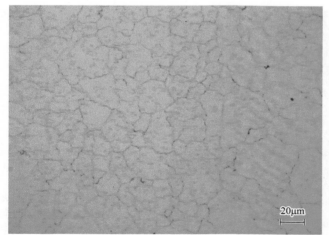

(c) 400℃

材料：W18Cr4V
状态：1280℃淬火，
　　　200 ～ 400℃回火一次
组织：淬火马氏体 + 碳化物 +
　　　残余奥氏体
腐蚀剂：10% 硝酸酒精溶液
放大倍数：500 ×

图 7-11

(a) 500℃

(b) 560℃

(c) 600℃

图 7-12

材料：W18Cr4V
状态：1280℃淬火，500 ~
　　　600℃回火一次
组织：淬火马氏体 + 回火马氏
　　　体 + 碳化物 + 残余奥氏体
腐蚀剂：10% 硝酸酒精溶液
放大倍数：500×

材料：W18Cr4V
状态：1280℃淬火，560℃回火三次
组织：回火马氏体 + 碳化物 + 残余
　　　奥氏体
腐蚀剂：4% 硝酸酒精
放大倍数：500×

图 7-13

图 7-14 为 W6Mo5Cr4V2 于 1210℃淬火、540℃回火三次后在不同放大倍数下的显微组织图，组织为回火马氏体 + 粒状碳化物 + 网状碳化物 + 残余奥氏体。图中网状碳化物比较严重，这可能是锻造工艺不当造成的。为了消除网状碳化物，可在锻后进行一次正火处理。

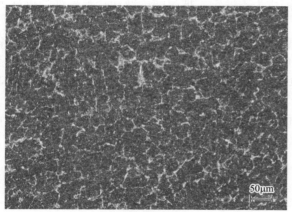

(a) 放大倍数：200×

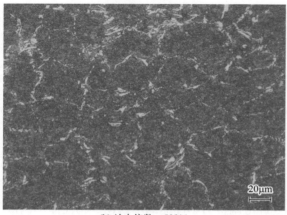

(b) 放大倍数：500×

材料：W6Mo5Cr4V2
状态：1210℃淬火，540℃回火三次
组织：回火马氏体 + 粒状碳化物 +
　　　网状碳化物 + 残余奥氏体
腐蚀剂：4% 硝酸酒精溶液

图 7-14

第八章
不锈钢及其显微组织

　　不锈钢通常是指在大气、水、酸、碱和盐等溶液或其他腐蚀介质中具有良好的化学稳定性的高合金钢。GB/T 20878—2007《不锈钢和耐热钢　牌号及化学成分》对不锈钢的定义为：以不锈、耐蚀为主要特性，且铬含量至少为 10.5%，碳含量最大不超过 1.2% 的钢。有时把耐大气、蒸汽和水等介质腐蚀的钢称为不锈钢，把耐酸、碱和盐等侵蚀的钢称为耐酸钢。

　　不锈钢具有良好耐腐蚀性能的根本原因是在铁碳合金中加入了铬、铝、硅等主要合金元素以及镍、钼、铌、钛等其他元素。钢中加入的铬、镍与空气中的氧发生作用，表面形成一层致密的含合金元素的复合氧化薄膜，这种薄膜在许多腐蚀介质中具有很高的稳定性，从而防止金属被空气或其他腐蚀介质腐蚀。

　　不锈钢不仅具有良好的耐蚀性、抗氧化性能，还具有优异的力学性能、物理性能和工艺性能，因此在化工、能源、机械等行业已经得到了广泛应用。

8.1　不锈钢的分类

　　不锈钢一般按组织状态进行分类，主要分为奥氏体不锈钢、马氏体不锈钢、奥氏体 - 铁素体不锈钢、铁素体不锈钢以及沉淀硬化不锈钢等。

8.1.1　奥氏体不锈钢

　　基体以面心立方晶体结构的奥氏体组织为主，无磁性，主要通过冷加工使其强化（并可能产生一定的磁性）的不锈钢，如 06Cr19Ni10、12Cr18Ni9 等。

8.1.2　马氏体不锈钢

　　基体为马氏体组织，有磁性，通过热处理可调整力学性能的不锈钢。马氏体不锈钢主要有 Cr13 型不锈钢、14Cr17Ni2 和 95Cr18 等。

8.1.3　奥氏体－铁素体不锈钢

基体兼有奥氏体和铁素体两相组织（其中较少相体积分数一般大于 15%），有磁性，可通过冷加工强化，如 022Cr25Ni6Mo2N 等。

8.1.4　铁素体不锈钢

基体以铁素体组织为主，有磁性，一般不能通过热处理强化，但冷加工可使其轻微强化的不锈钢，如 10Cr17Mo、008Cr27Mo 等。

8.1.5　沉淀硬化不锈钢

基体为奥氏体或马氏体组织，并能通过时效硬化处理使其强化的不锈钢。经过适当热处理后，可发生马氏体相变，并在马氏体基体上析出金属间化合物，产生沉淀强化，如 05Cr17Ni4Cu4Nb 等。

8.2　不锈钢显微组织

8.2.1　奥氏体不锈钢显微组织

奥氏体不锈钢的典型牌号为 18-8 型和 18-8Ti 型，奥氏体不锈钢常用的热处理工艺为固溶处理、稳定化处理、去应力处理。

不锈钢固溶处理后的显微组织为单相奥氏体组织，图 8-1 为 06Cr19Ni10（304）固溶处理后的显微组织，为单一的奥氏体，在奥氏体晶粒内部，还存在一部分孪晶。

100μm

材料：06Cr19Ni10
状态：固溶处理
组织：奥氏体 + 孪晶
腐蚀剂：王水
放大倍数：100×

图 8-1

在进行固溶处理时，如果奥氏体不锈钢冷却速度不够快，晶界处会析出一部分碳化物，从而减少了奥氏体中的铬含量，降低钢的耐蚀性，这类组织容易导致晶间腐蚀。图 8-2 也为 06Cr19Ni10 固溶处理后的显微组织，显微组织为奥氏体＋沿晶析出的碳化物，这是由于固溶处理时没有快速冷却，导致有部分碳化物沿晶界析出，且奥氏体晶界发生粗化。图 8-3 为 06Cr19Ni10 在焊缝区出现的晶间腐蚀形貌，可以看出晶界上有黑色腐蚀坑。

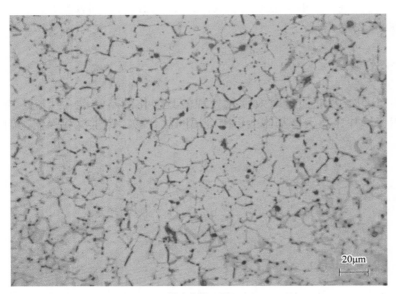

(a) 放大倍数：500×

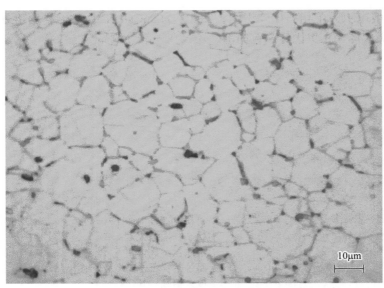

(b) 放大倍数：1000×

材料：06Cr19Ni10
状态：固溶处理
组织：奥氏体＋沿晶析出的
　　　碳化物
腐蚀剂：王水

图 8-2

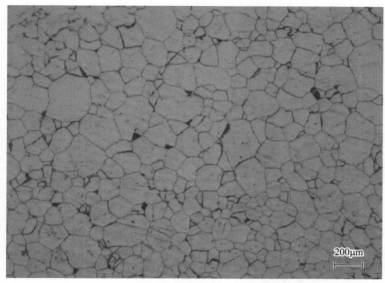

(a) 放大倍数：50×

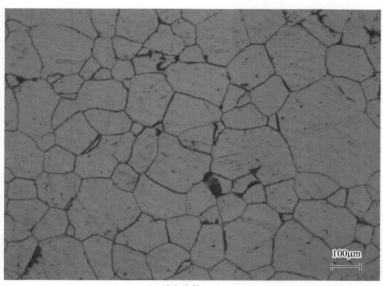

(b) 放大倍数：100×

材料：06Cr19Ni10
状态：焊缝热影响区
组织：奥氏体（晶间腐蚀）
腐蚀剂：王水

图 8-3

8.2.2 马氏体不锈钢显微组织

马氏体不锈钢退火态下的组织为富铬的铁素体＋碳化物，图 8-4 为 30Cr13 退火后的显微组织图，显微组织为球状珠光体；图 8-5 为 40Cr13 球化退火后的显微组织图，显微组织为球状珠光体＋沿晶分布的网状碳化物。马氏体不锈钢淬火、低温回火后的组织为回火马氏体＋碳化物，图 8-6 为 40Cr13 经 1020℃淬火，200℃回火后的显微组织，显微组织为回火马氏体＋碳化物，图 8-6（c）和图 8-6（d）中，碳化物在晶界呈聚集分布状态。

(a) 放大倍数：500×

(b) 放大倍数：1000×

图 8-4

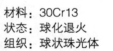

材料：30Cr13
状态：球化退火
组织：球状珠光体
腐蚀剂：盐酸三氯化铁溶液

(a) 放大倍数：500×

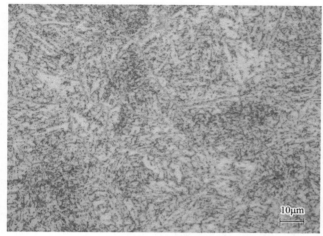

(b) 放大倍数：1000×

图 8-5

材料：40Cr13
状态：球化退火
组织：球状珠光体 + 网状碳化物
腐蚀剂：盐酸三氯化铁溶液

(a) 放大倍数：200×

(b) 放大倍数：500×

图 8-6

(c) 放大倍数：500×

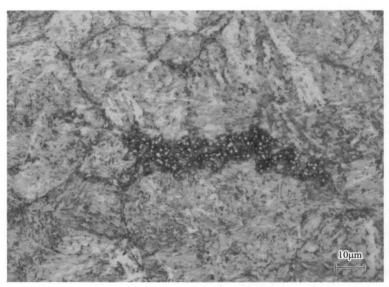

(d) 放大倍数：1000×

材料：40Cr13
状态：1020℃淬火，200℃回火
组织：回火马氏体＋沿晶分布
　　　的碳化物
腐蚀剂：盐酸三氯化铁溶液

图 8-6

　　图 8-7 为 14Cr17Ni2 经 1030℃油冷，350℃回火后的显微组织，组织为回火马氏体＋铁素体，图 8-8 为 14Cr17Ni2 经 1150℃油冷，再经 1030℃油冷，350℃回火后的显微组织，组织为回火马氏体＋铁素体。可以看出，经过两次淬火后，铁素体的形态特征发生了明显的改变，原来的条状铁素体有部分已经转变为块状。

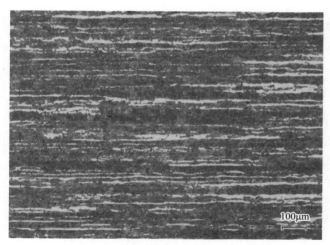

(a) 放大倍数：100×

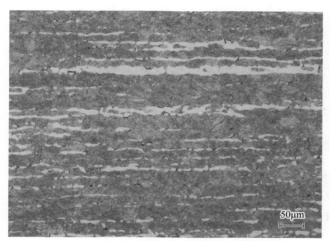

(b) 放大倍数：200×

(c) 放大倍数：500×

图 8-7

材料：14Cr17Ni2
状态：1030℃油冷，350℃回火
组织：回火马氏体 + 铁素体
腐蚀剂：盐酸三氯化铁溶液

(a) 放大倍数：100×

(b) 放大倍数：200×

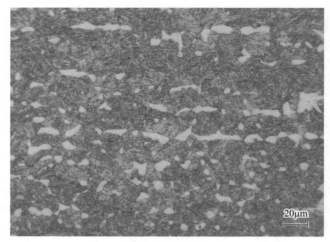

(c) 放大倍数：500×

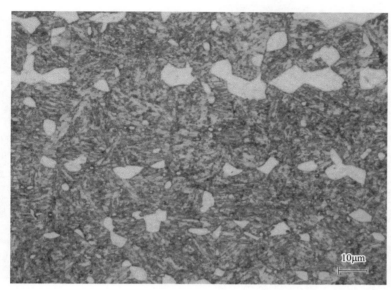

(d) 放大倍数：1000×

材料：14Cr17Ni2
状态：1150℃油冷，1030℃
　　　油冷，350℃回火
组织：回火马氏体 + 铁素体
腐蚀剂：盐酸三氯化铁溶液

图 8-8

　　图 8-9 也为 14Cr17Ni2 经 1150℃油冷，1030℃油冷，350℃回火后的显微组织，组织为回火马氏体 + 铁素体。可以看出，铁素体带状特征已经消失，呈块状分散分布。和图 8-8 相比，相同的加热温度，由于保温时间不同，铁素体的形态特征发生了明显改变。

(a) 放大倍数：100×

图 8-9

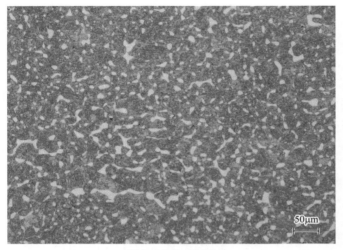
(b) 放大倍数：200×

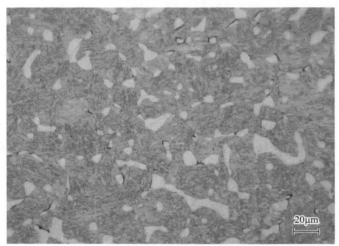
(c) 放大倍数：500×

材料：14Cr17Ni2
状态：1150℃油冷，1030℃油
冷，350℃回火
组织：回火马氏体 + 铁素体
腐蚀剂：盐酸三氯化铁溶液

图 8-9

8.2.3　奥氏体 - 铁素体不锈钢显微组织

　　奥氏体 - 铁素体不锈钢是在 18-8 型不锈钢的基础上，适当增加铬、钼、钛等形成铁素体元素的含量，减少镍、锰等形成奥氏体元素的含量，然后通过固溶处理得到的。奥氏体 - 铁素体不锈钢组织为奥氏体 + 铁素体，典型钢种有 022Cr22Ni5Mo3N、022Cr26Ni7Mo3N 等。图 8-10 为 022Cr22Ni5Mo3N 固溶状态下经不同腐蚀剂腐蚀的显微组织图。图 8-10（a）为经王水腐蚀后的显微组织，图中白色组织为奥氏体，灰色条状组织为铁素体，根据 GB/T 13305—2008《不锈钢中 α- 相面积含量金相测定法》，α 相级别为带系 45%；图 8-10（b）为经盐酸三氯化铁腐蚀后的显微组织，图中白色基体组织为奥氏体，浅灰色条状组织为铁素体，根据 GB/T 13305—2008《不锈钢中 α- 相面积含量金相测定法》，α 相级别为带系 50%。图 8-11 为图 8-10（b）暗场照明下的显微组织图，图中黑色基体组织为奥氏体，被亮色包围的黑色条状组织为铁素体。

(a) 王水腐蚀

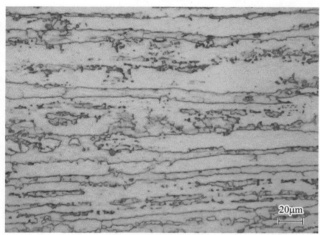

(b) 盐酸三氯化铁腐蚀

材料：022Cr22Ni5Mo3N
状态：固溶处理
组织：奥氏体 + 铁素体
放大倍数：500×

图 8-10

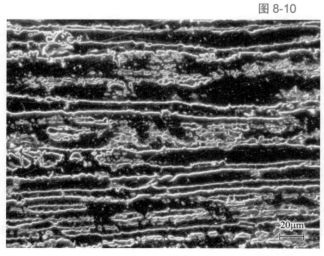

材料：022Cr22Ni5Mo3N
状态：固溶处理
组织：黑色奥氏体 + 亮色铁素体（暗场）
腐蚀剂：盐酸三氯化铁
放大倍数：500×

图 8-11

图 8-12 为 00Cr23Ni4N（SAF2304）固溶状态下经过盐酸偏重亚硫酸钾溶液腐蚀后在不同放大倍数下的显微组织图，图中亮白色组织为奥氏体，灰色条带状组织为铁素体，根据 GB/T 13305—2008《不锈钢中 α- 相面积含量金相测定法》，α 相级别为网系 65%。

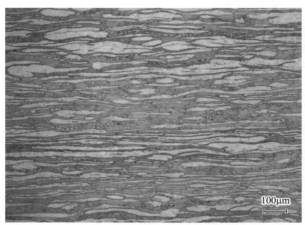
(a) 放大倍数：100×

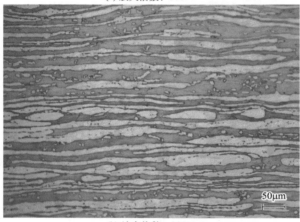
(b) 放大倍数：200×

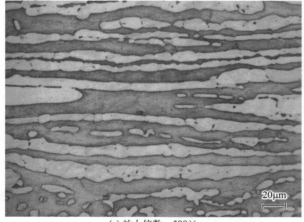
(c) 放大倍数：500×

材料：00Cr23Ni4N
状态：固溶处理
组织：亮白色奥氏体 + 灰色条
　　　带状铁素体
腐蚀剂：盐酸偏重亚硫酸钾溶液

图 8-12

8.2.4 铁素体不锈钢显微组织

铁素体不锈钢都是高铬钢。由于铬具有稳定 α 相的作用，在铬含量达到 13% 以上时，铁铬合金将无奥氏体转变，从高温到室温一直保持 α 铁素体组织。铁素体不锈钢铬的质量分数在 13%～30% 范围。随着铬含量的增加，耐蚀性不断提高。典型牌号主要有 06Cr13Al、10Cr17、10Cr17Mo、008Cr27Mo、008Cr30Mo2 等。图 8-13 为 022Cr18NbTi（SUS441）退火后未经腐蚀的显微组织图，图中黄色的块状物为 TiN 夹杂物；图 8-14 为 022Cr18NbTi（SUS441）退火后的显微组织图，显微组织为铁素体 +TiN 夹杂。

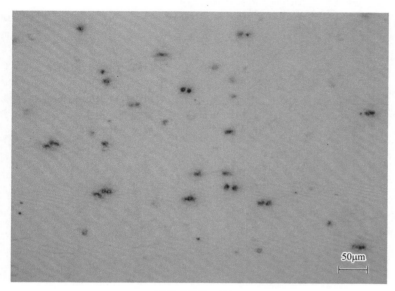

(a) 放大倍数：200×

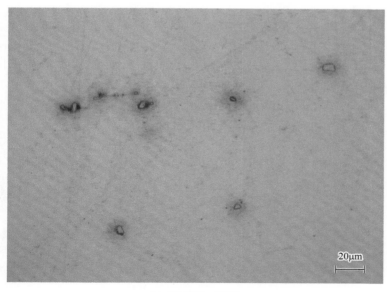

材料：022Cr18NbTi
状态：退火
组织：TiN 夹杂
腐蚀剂：未腐蚀

(b) 放大倍数：500×

图 8-13

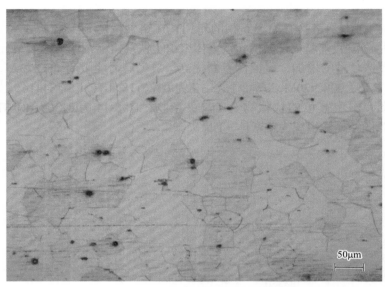

材料：022Cr18NbTi
状态：退火
组织：铁素体 +TiN 夹杂
腐蚀剂：王水
放大倍数：200×

图 8-14

第九章

铸钢、铸铁及其显微组织

在机械制造和工程结构上，对于许多形状复杂或体积较大，用压力加工方法难以成型，切削加工较困难的工件以及为实现高合金钢的少或无切削加工，一般都采用铸件。钢铁材料的铸件分为铸钢件和铸铁件。铸件不经加工或局部经少量加工即可满足使用要求。

9.1 铸钢

铸钢常以铸态和经热处理以后使用。因此，铸钢件通常具有铸造状态的组织和性能特点。铸钢中碳的质量分数一般不超过 0.6%，常用铸钢为低碳钢或中低碳钢。碳含量过高，将使钢的铸造性能恶化，且使铸钢的塑性不足，易产生龟裂。碳素铸钢的牌号如 ZG200-400、ZG270-500 等，"ZG"表示铸钢，后面的数字依次表示该钢的最低屈服强度和最低抗拉强度；合金铸钢后数字表示碳的平均质量分数，以万分之一表示，合金元素后的数字表示质量分数的百分之几，如 ZG15Mo、ZG35CrMo、ZG40Mo2 等。

9.1.1 普通铸钢显微组织

普通铸钢铸态下的显微组织为铁素体 + 珠光体 + 铁素体魏氏组织。图 9-1 为 ZG230-450 铸态下的显微组织，显微组织为铁素体 + 珠光体 + 铁素体魏氏组织，晶粒粗大；图 9-2 为 ZG310-570 铸态下的显微组织，显微组织为网状铁素体 + 珠光体 + 铁素体魏氏组织，晶粒同样非常粗大。

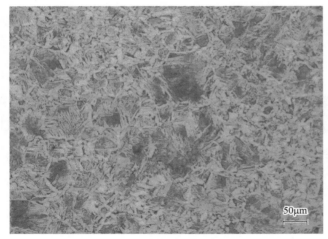

(a) 放大倍数：200×

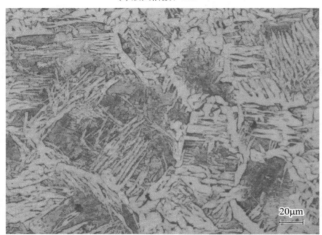

(b) 放大倍数：500×

图 9-1

材料：ZG230-450
状态：铸态
组织：铁素体 + 珠光体 + 铁素体
　　　魏氏组织
腐蚀剂：4% 硝酸酒精溶液

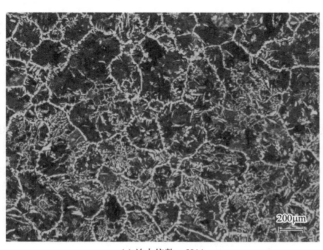

(a) 放大倍数：50×

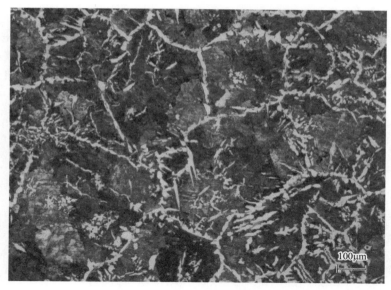

材料：ZG310-570
状态：铸态
组织：网状铁素体＋珠光体＋
　　　铁素体魏氏组织
腐蚀剂：4% 硝酸酒精溶液

(b) 放大倍数：100×

图 9-2

9.1.2　铸造高锰钢显微组织

铸造高锰钢又称耐磨钢，它以铁为基体材料，主要合金元素是锰，高锰钢的组织主要包括铸态组织和水韧处理后的组织。

9.1.2.1　铸态组织

高锰钢铸态下的组织为奥氏体＋沿晶分布的碳化物。图 9-3 为 ZGMn13 铸态下的显微组织，组织为奥氏体＋沿晶分布的碳化物。

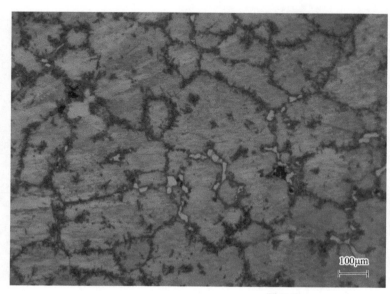

材料：ZGMn13
状态：铸态
组织：奥氏体＋沿晶分布的
　　　碳化物
腐蚀剂：4% 硝酸酒精溶液
放大倍数：100×

图 9-3

9.1.2.2　水韧处理后的组织

　　高锰钢铸态下的显微组织具有沿奥氏体晶界分布的碳化物，使钢的冲击韧性和耐磨性降低，所以需要通过水韧处理来加以改善。水韧处理是将高锰钢加热到 1050～1100℃，使碳化物全部溶解到奥氏体中，然后在水中快速冷却，从而避免碳化物析出，保证获得均匀的单相奥氏体组织。图 9-4 为 ZGMn13 水韧处理后的显微组织，为单一的奥氏体。

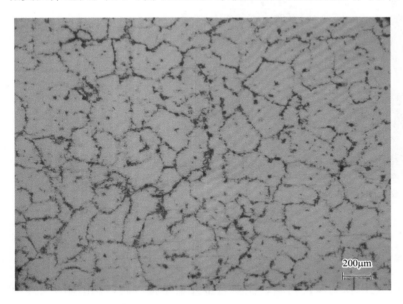

(a) 放大倍数：50×

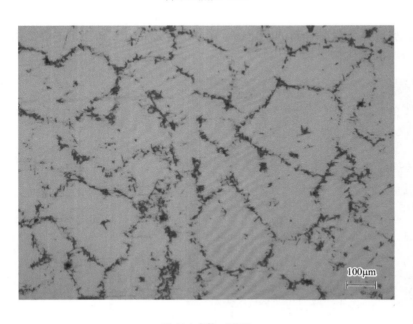

(b) 放大倍数：100×

材料：ZGMn13
状态：水韧处理
组织：奥氏体
腐蚀剂：4% 硝酸酒精溶液

图 9-4

9.2 铸铁

铸铁是指碳含量大于 2.11% 的铁碳合金。铸铁具有优良的工艺性能和使用性能，生产工艺简单，成本低廉，因此在机械制造、冶金、矿山等领域得到了广泛应用。铸铁中的碳主要以三种形式存在：固溶于铁的晶格中，形成间隙固溶体，如铁素体、奥氏体等；与铁作用形成 Fe_3C 等碳化物；以游离的石墨析出。

9.2.1 铸铁的分类

① 按照碳在铸铁中存在的形式不同，铸铁可分为以下几类：

白口铸铁：碳主要以渗碳体形式存在，断口呈白亮色，故称为白口铸铁。白口铸铁主要用作炼钢的原料以及生产可锻铸铁的毛坯。

灰口铸铁：碳以石墨的形式存在，断口呈灰色，故称为灰口铸铁。

麻口铸铁：碳有一部分以石墨形式存在，也有一部分以渗碳体形式存在，断口呈黑白相间的麻点状，故称麻口铸铁。这类铸铁脆性大，耐磨性不如白口铸铁，工业上很少使用。

② 按照石墨形态的不同，铸铁可分为以下几类：

灰口铸铁：这类铸铁中，石墨呈片状分布，由一定成分的铁液浇铸而成。石墨形态如图 9-5 所示。

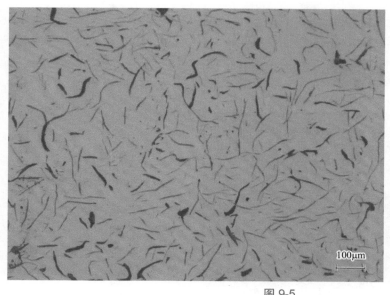

材料：灰口铸铁
状态：铸态
组织：片状石墨
腐蚀剂：未腐蚀
放大倍数：100×

图 9-5

球墨铸铁：这类铸铁中，石墨呈球状分布。石墨形态如图 9-6 所示。图 9-6（a）为明场下的球状石墨形态；图 9-6（b）为微分干涉条件下的球状石墨形态，石墨呈现为凸起状，立体感非常强；图 9-6（c）为偏光下的球状石墨形态，单个球状石墨在偏光下显示出不同的亮度，这是石墨具有各向异性所产生的特征。

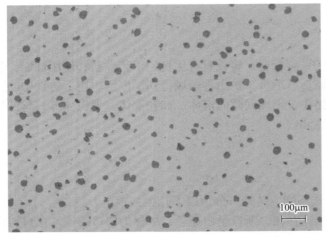

(a) 明场100×

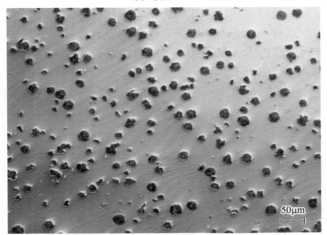

(b) 微分干涉200×

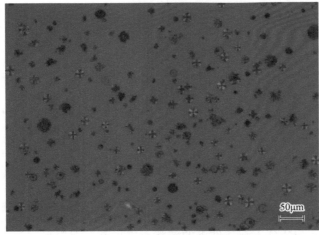

(c) 偏光200×

材料：球墨铸铁
状态：铸态
组织：球状石墨
腐蚀剂：未腐蚀

图 9-6

蠕墨铸铁：这类铸铁中，石墨呈蠕虫状分布。石墨形态如图 9-7 所示。

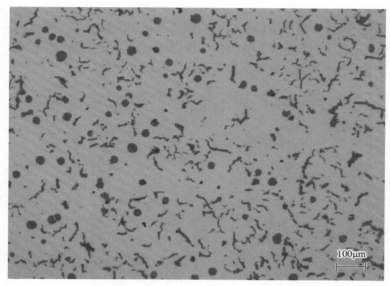

材料：蠕墨铸铁
状态：铸态
组织：蠕虫状石墨 +
　　　少量球状石墨
腐蚀剂：未腐蚀
放大倍数：100×

图 9-7

可锻铸铁：这类铸铁中，石墨呈团絮状分布。石墨形态如图 9-8 所示。

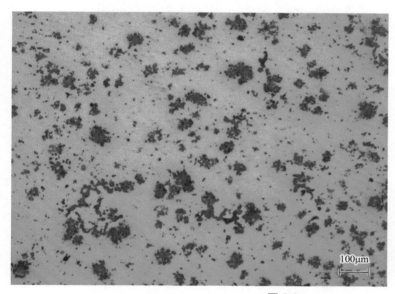

材料：可锻铸铁
状态：铸态
组织：团絮状石墨
腐蚀剂：未腐蚀
放大倍数：100×

图 9-8

9.2.2　铸铁的显微组织

9.2.2.1　白口铸铁的显微组织

白口铸铁按照碳含量的不同，可以分为三类。碳的质量分数为 2.11% ～ 4.3% 的铁碳合金称为亚共晶白口铸铁；碳的质量分数为 4.3% 的铁碳合金称为共晶白口铸铁；碳的质量分数为 4.3% ～ 6.69% 的铁碳合金称为过共晶白口铸铁。不同成分的白口铸铁显微组织不同。

图 9-9 为亚共晶白口铸铁在不同放大倍数下的显微组织图。其组织为珠光体 + 莱氏体 + 二次渗碳体，图中黑色的团状和枝晶状组织为珠光体，白底黑点斑点状组织为莱氏体 + 二次渗碳体，由于二次渗碳体和共晶组织中共晶渗碳体混合在一起，难以区分。

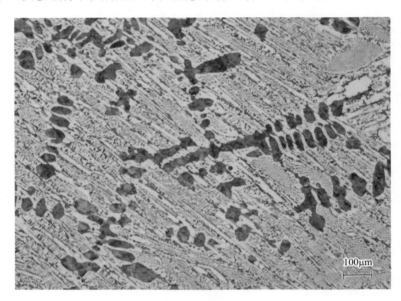

(a) 放大倍数：100×

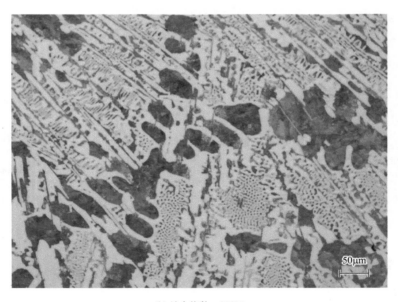

(b) 放大倍数：200×

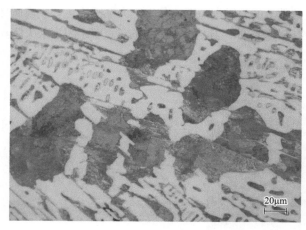

(c) 放大倍数：500×

材料：亚共晶白口铸铁
状态：铸态
组织：珠光体 + 莱氏体 + 二次渗碳体
腐蚀剂：4% 硝酸酒精溶液

图 9-9

图 9-10 为共晶白口铸铁的显微组织图。其组织为莱氏体，呈现为白底黑点斑点状组织特征。图中白色的基体组织为渗碳体，黑色的点状物或条状物为珠光体组织。

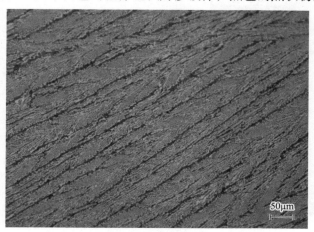

(a) 放大倍数：200×

(b) 放大倍数：500×

材料：共晶白口铸铁
状态：铸态
组织：莱氏体
腐蚀剂：4% 硝酸酒精溶液

图 9-10

图 9-11 为过共晶白口铸铁在不同放大倍数下的显微组织图。其组织为莱氏体＋一次渗碳体。图中白色的条状组织为从液相中直接析出的一次渗碳体，其他白底黑点的斑点状组织为莱氏体。

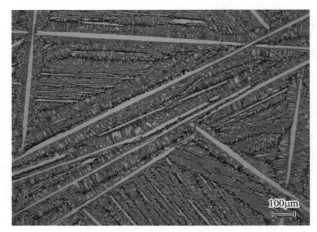

(a) 放大倍数：100×

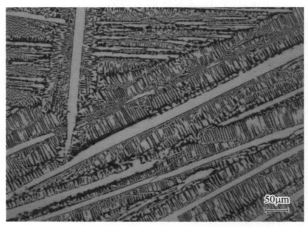

(b) 放大倍数：200×

(c) 放大倍数：500×

材料：过共晶白口铸铁
状态：铸态
组织：莱氏体＋一次渗碳体
腐蚀剂：4% 硝酸酒精溶液

图 9-11

9.2.2.2　灰口铸铁的显微组织

灰口铸铁的显微组织由石墨和金属基体组成。灰口铸铁中的石墨按照其分布形式的不同，可以分为六种，分别为 A、B、C、D、E、F 型。

A 型石墨：石墨呈片状，石墨呈无方向性均匀分布。图 9-12 为 A 型石墨的形貌图。

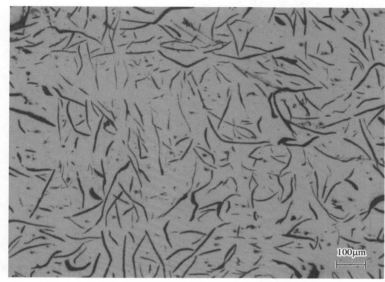

材料：灰口铸铁
状态：铸态
组织：A 型石墨
腐蚀剂：未腐蚀
放大倍数：100×

100μm

图 9-12

B 型石墨：石墨呈菊花状，心部为少量点状石墨，外围为蜷曲片状石墨。图 9-13 为 B 型石墨的形貌图。

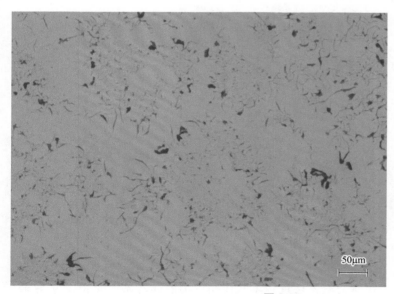

材料：灰口铸铁
状态：铸态
组织：B 型石墨
腐蚀剂：未腐蚀
放大倍数：200×

50μm

图 9-13

C 型石墨：呈块片状，初生的粗大直片状石墨。图 9-14 为 C 型石墨形貌图。

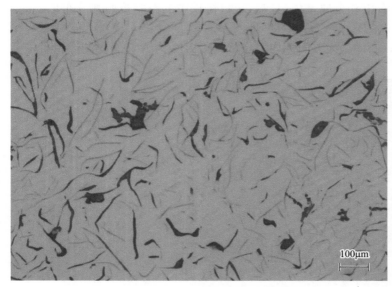

材料：灰口铸铁
状态：铸态
组织：C型石墨
腐蚀剂：未腐蚀
放大倍数：100×

图 9-14

D 型石墨：呈枝晶点状，细小卷曲的片状石墨在枝晶间呈无方向分布。图 9-15 为 D 型石墨的形貌图。

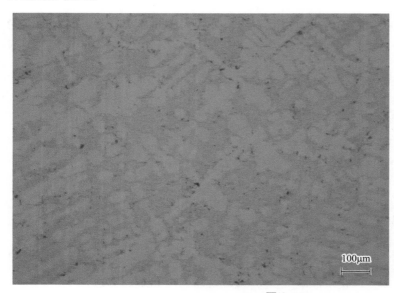

材料：灰口铸铁
状态：铸态
组织：D型石墨
腐蚀剂：未腐蚀
放大倍数：100×

图 9-15

E 型石墨：呈枝晶片状，片状石墨在枝晶二次分枝间呈方向性分布。图 9-16 为 E 型石墨形貌图。

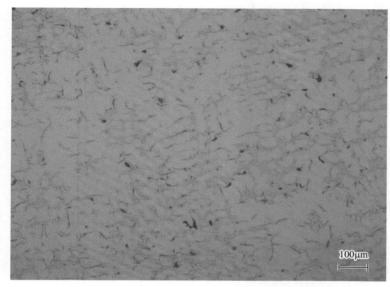

材料：灰口铸铁
状态：铸态
组织：E 型石墨
腐蚀剂：未腐蚀
放大倍数：100×

100μm

图 9-16

F 型石墨：呈蜘蛛状，初生的星状或蜘蛛状石墨，石墨的星状就是较大的块状。图 9-17 为 F 型石墨形貌图。

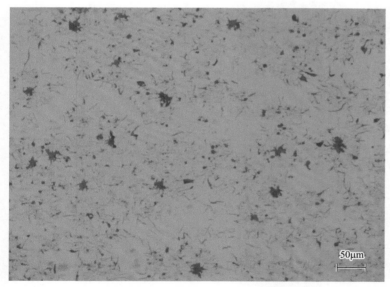

材料：灰口铸铁
状态：铸态
组织：F 型石墨
腐蚀剂：未腐蚀
放大倍数：200×

50μm

图 9-17

在实际生产中，一个铸铁件往往同时存在几种石墨形态，石墨的形态特征影响铸件的力学性能，一般以 A 型和 B 型分布形态为好。图 9-18 为同时存在 A 型和 E 型石墨的形貌图；图 9-19 为同时存在 A 型和 B 型石墨的形貌图；图 9-20 为同时存在 A 型和 C 型石墨的形貌图；图 9-21 为同时存在 A 型、B 型和 C 型石墨的形貌图。

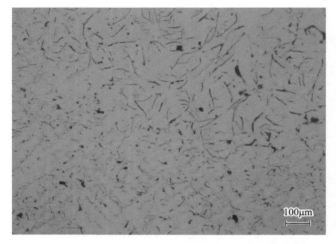

材料：灰口铸铁
状态：铸态
组织：A 型石墨 +E 型石墨
腐蚀剂：未腐蚀
放大倍数：100×

图 9-18

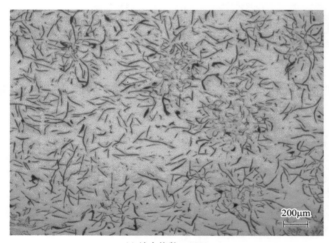

(a) 放大倍数：50×

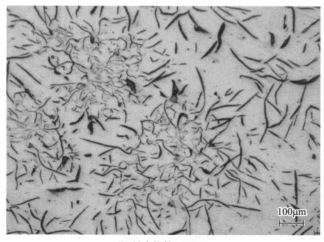

(b) 放大倍数：100×

材料：灰口铸铁
状态：铸态
组织：A 型石墨 +B 型石墨
腐蚀剂：未腐蚀

图 9-19

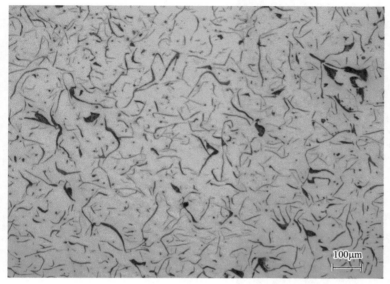

材料：灰口铸铁
状态：铸态
组织：A 型石墨 +C 型石墨
腐蚀剂：未腐蚀
放大倍数：100×

图 9-20

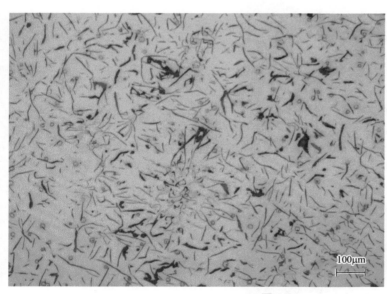

材料：灰口铸铁
状态：铸态
组织：A 型石墨 +B 型石
　　　墨 + C 型石墨
腐蚀剂：未腐蚀
放大倍数：100×

图 9-21

　　灰口铸铁的基体组织，相当于钢的组织。常见的有铁素体基体、珠光体 + 铁素体基体、珠光体基体三种类型。图 9-22 为铁素体基体的灰口铸铁的显微组织图，图中白色晶粒为铁素体组织，长条状黑色组织为片状石墨。图 9-23 为珠光体 + 铁素体基体的灰口铸铁的显微组织图，图中白色组织为铁素体组织，片层状组织为珠光体组织，黑色长条状组织为片状石墨。图 9-24 为珠光体基体的灰口铸铁的显微组织图，图中层片状组织为珠光体组织，黑色长条状组织为片状石墨。

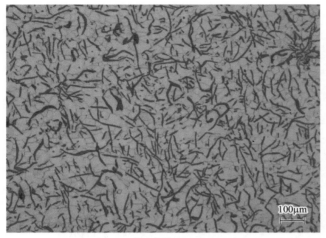

(a) 放大倍数：100×

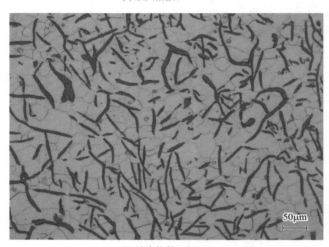

材料：灰口铸铁
状态：铸态
组织：铁素体 + 片状石墨
腐蚀剂：4% 硝酸酒精溶液

(b) 放大倍数：200×

图 9-22

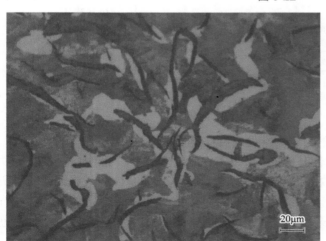

材料：灰口铸铁
状态：铸态
组织：铁素体 + 珠光体 + 片状石墨
腐蚀剂：4% 硝酸酒精溶液
放大倍数：500×

图 9-23

(a) 放大倍数：200×

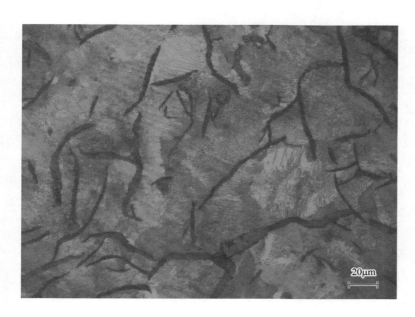

材料：灰口铸铁
状态：正火
组织：珠光体 + 片状石墨
腐蚀剂：4% 硝酸酒精溶液

(b) 放大倍数：500×

图 9-24

  在灰口铸铁中，当铁液中磷含量较高时，会出现磷共晶组织。它是一种低熔点组织，一般分布在晶界处、共晶团边界和铸件最后凝固的部位。磷共晶按其组成成分不同可分为四种：二元磷共晶、三元磷共晶、二元复合磷共晶、三元复合磷共晶。图 9-25 为灰口铸铁中二元磷共晶组织，图 9-26 为灰口铸铁中二元磷共晶和三元磷共晶组织。

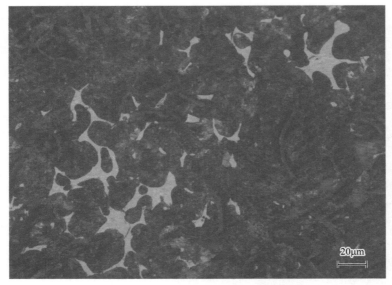

材料：高磷铸铁
状态：铸态
组织：珠光体 + 片状石墨 +
　　　二元磷共晶
腐蚀剂：4% 硝酸酒精溶液
放大倍数：500 ×

图 9-25

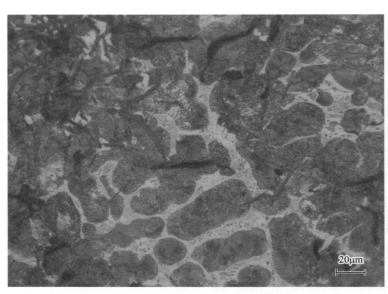

材料：高磷铸铁
状态：铸态
组织：珠光体 + 片状石墨 + 二
　　　元磷共晶 + 三元磷共晶
腐蚀剂：4% 硝酸酒精溶液
放大倍数：500 ×

图 9-26

9.2.2.3　球墨铸铁的显微组织

　　球墨铸铁的显微组织也是由石墨和金属基体组成。与灰口铸铁相比，主要是石墨形态不同，基体组织没有明显的区别。常见的球墨铸铁基体组织有铁素体基体、珠光体 + 铁素体基体、珠光体基体。球墨铸铁如经过热处理，基体中还会出现下贝氏体、马氏体等组织。图 9-27 为铁素体基体的球墨铸铁显微组织图，图中白色晶粒为铁素体组织，黑色球状组织为球状石墨。图 9-28 也为铁素体基体的球墨铸铁显微组织图，从图中可见，除了铁素体及球状石墨外，还有一部分莱氏体组织。

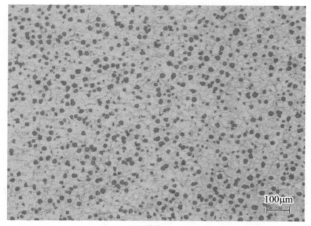

(a) 放大倍数：100×

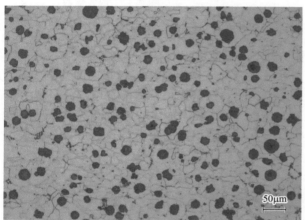

(b) 放大倍数：200×

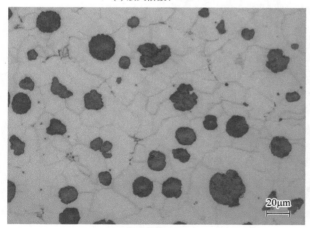

(c) 放大倍数：500×

图 9-27

材料：球墨铸铁
状态：铸态
组织：铁素体 + 球状石墨
腐蚀剂：4% 硝酸酒精溶液

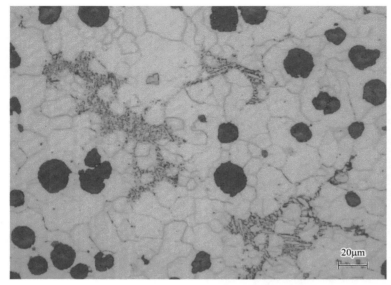

材料：球墨铸铁
状态：铸态
组织：铁素体 + 球状石墨 +
莱氏体
腐蚀剂：4% 硝酸酒精溶液
放大倍数：500×

图 9-28

　　图 9-29 为铁素体基体的球墨铸铁铸态下的显微组织图。图 9-29（a）为微分干涉条件下的显微组织图，图中球状石墨呈凸起状，铁素体下凹，立体感较强。图 9-29（b）为铁素体基体的球墨铸铁在暗场照明下的显微组织图。铁素体晶粒内部平坦部分呈现为黑色，晶界及球状石墨凸起呈现为亮色。图 9-29（c）为铁素体基体的球墨铸铁在偏光照明下的显微组织图，可以看出，在同一颗球状石墨上显示出不同的亮度，表示每颗石墨是一个多晶体，属各向异性。

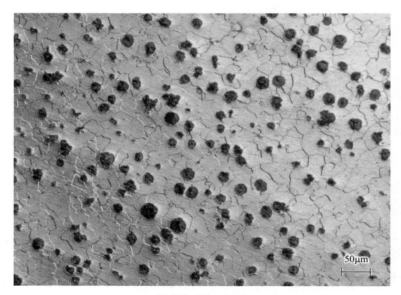

(a) 微分干涉，200×

(b) 暗场，100×

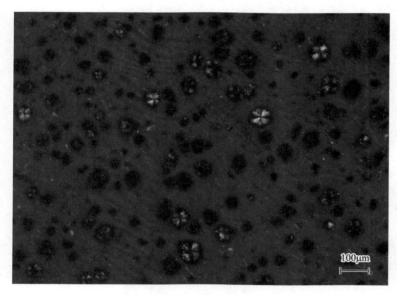

(c) 偏光照明，100×

材料：球墨铸铁
状态：铸态
组织：铁素体 + 球状石墨
腐蚀剂：4% 硝酸酒精溶液

图 9-29

　　图 9-30 为珠光体 + 铁素体基体的球墨铸铁显微组织图。图中白色组织为铁素体组织，黑色片层交替分布的为珠光体组织，被白色铁素体所包围的黑色球状组织为球状石墨，通常把这种组织称为牛眼状组织。图 9-30（a）、（b）中的铁素体含量高于图 9-30（c）、（d）要多。

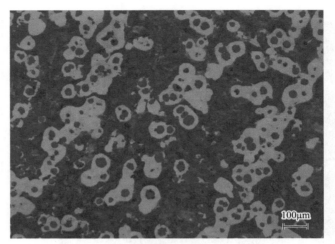

(a) 放大倍数：100×

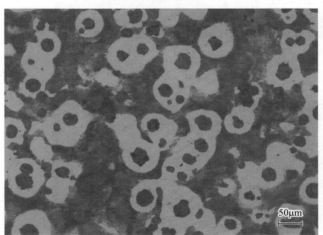

(b) 放大倍数：200×

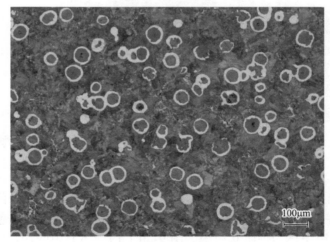

(c) 放大倍数：100×

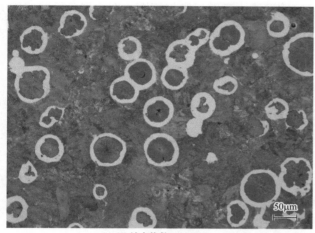

(d) 放大倍数：200×

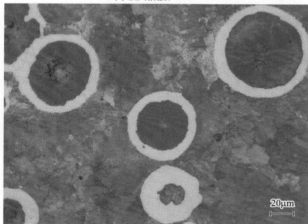

(e) 放大倍数：500×

材料：球墨铸铁
状态：铸态
组织：铁素体 + 珠光体 + 球状石墨
腐蚀剂：4% 硝酸酒精溶液

图 9-30

图 9-31 为珠光体基体的球墨铸铁显微组织图。图中黑色片层交替分布的为珠光体组织，黑色球状组织为球状石墨。

材料：球墨铸铁
状态：铸态
组织：珠光体 + 球状石墨
腐蚀剂：4% 硝酸酒精溶液
放大倍数：500×

图 9-31

图 9-32 为球墨铸铁 880℃加热，340℃等温淬火后的显微组织图。图中黑色针状组织为下贝氏体，黑色球状组织为球状石墨，白色组织为残余奥氏体组织。

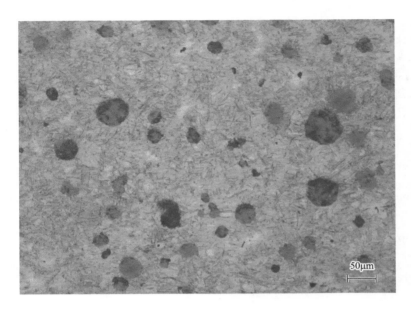

(a) 放大倍数：200×

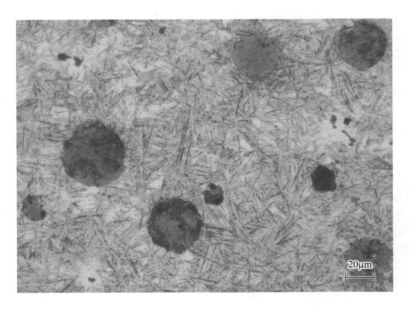

(b) 放大倍数：500×

材料：球墨铸铁
状态：880℃加热，340℃等
　　　温淬火
组织：下贝氏体 + 球状石墨 +
　　　残余奥氏体
腐蚀剂：4% 硝酸酒精溶液

图 9-32

　　图 9-33 为球墨铸铁淬火后的显微组织图。显微组织为粗大的针状马氏体 + 残余奥氏体 + 球状石墨，其中针状马氏体的中脊线清晰可见 [图 9-33（c）]。

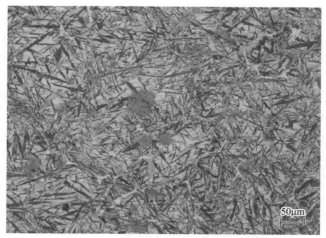

(a) 放大倍数：200×

(b) 放大倍数：500×

(c) 放大倍数：1000×

图 9-33

材料：球墨铸铁
状态：1100℃淬火
组织：针状马氏体 + 球状石墨 +
残余奥氏体
腐蚀剂：4% 硝酸酒精溶液

9.2.2.4　可锻铸铁的显微组织

　　可锻铸铁是由一定成分的白口铸铁经过石墨化退火得到的。根据白口铸铁石墨化退火工艺的不同，可得到黑心可锻铸铁和白心可锻铸铁。黑心可锻铸铁包括铁素体基体的可锻铸铁和珠光体基体的可锻铸铁。图 9-34 为铁素体基体可锻铸铁的显微组织图，图中白色晶粒为铁素体组织，黑色团絮状组织为石墨。图 9-35 为铁素体＋少量珠光体基体的可锻铸铁的显微组织图，图中白色晶粒为铁素体组织，黑色团絮状组织为石墨，黑色片层交替分布的为珠光体组织。

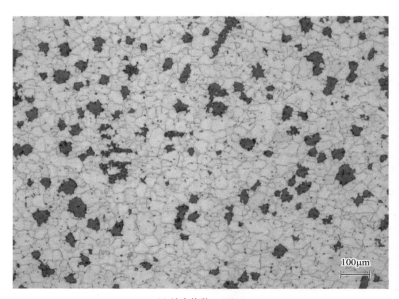

(a) 放大倍数：100×

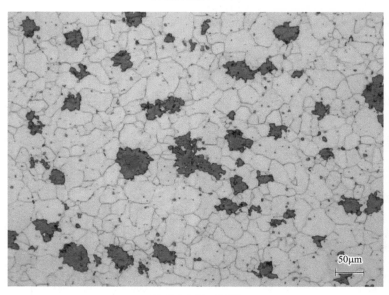

(b) 放大倍数：200×

材料：可锻铸铁
状态：退火
组织：铁素体＋团絮状石墨
腐蚀剂：4% 硝酸酒精溶液

图 9-34

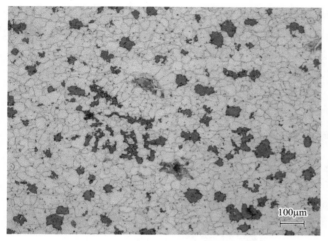

(a) 放大倍数：100×

(b) 放大倍数：200×

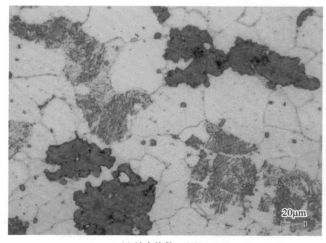

(c) 放大倍数：500×

图 9-35

材料：可锻铸铁
状态：退火
组织：铁素体 + 珠光体 +
　　　团絮状石墨
腐蚀剂：4% 硝酸酒精溶液

图 9-36 为珠光体基体的可锻铸铁退火态的显微组织图，组织为珠光体＋莱氏体＋团絮状石墨，图中灰色团状组织为珠光体，黑色组织为团絮状为石墨，白底黑点斑点状组织为莱氏体，得到这类组织主要是由石墨化退火的白口铸铁的质量不佳造成的。

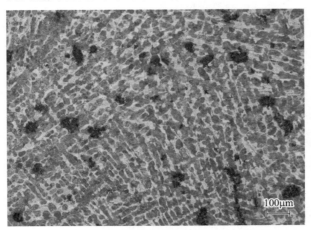

(a) 放大倍数：100×

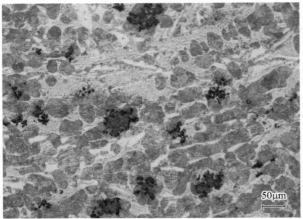

(b) 放大倍数：200×

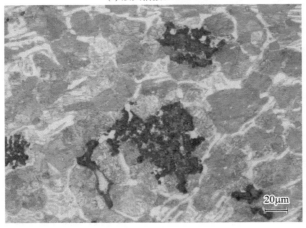

(c) 放大倍数：500×

材料：可锻铸铁
状态：退火
组织：珠光体＋莱氏体＋团絮
　　　状石墨
腐蚀剂：4％ 硝酸酒精溶液

图 9-36

9.2.2.5 蠕墨铸铁的显微组织

蠕墨铸铁的显微组织也由石墨和金属基体组成。蠕墨铸铁中，石墨大部分呈蠕虫状，少量以球状存在。图9-37为铁素体＋珠光体基体蠕墨铸铁的显微组织图。图中白色晶粒为铁素体组织，黑色组织为蠕虫状、球状石墨，黑色层片状组织为珠光体。图9-38也为铁素体＋珠光体基体蠕墨铸铁的显微组织图，图中包围球状石墨和蠕虫状石墨的白色晶粒为铁素体组织，灰色层片状组织为珠光体。根据GB/T 26656—2023《蠕墨铸铁金相检验》，可对上述显微组织中的珠光体数量进行评级，图9-37中珠光体数量评级为珠15（珠光体含量＞10%～20%），图9-38中珠光体数量评级为珠85（珠光体含量＞80%～90%）。

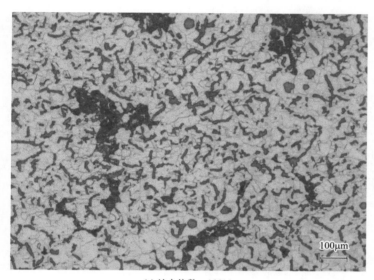

(a) 放大倍数：100×

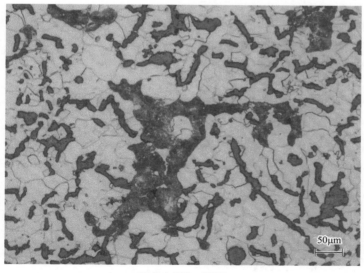

(b) 放大倍数：200×

材料：蠕墨铸铁
状态：退火
组织：铁素体＋珠光体＋蠕虫状石墨＋少量球状石墨
腐蚀剂：4%硝酸酒精溶液

图9-37

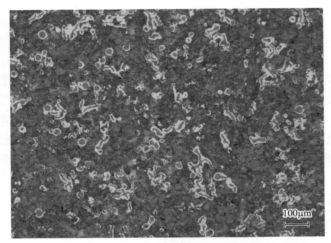

(a) 放大倍数：100×

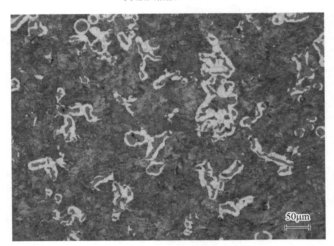

(b) 放大倍数：200×

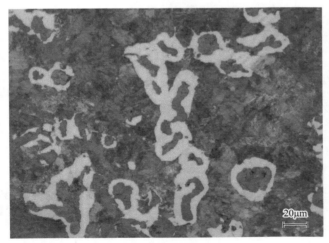

(c) 放大倍数：500×

材料：蠕墨铸铁
状态：退火
组织：铁素体＋珠光体＋蠕虫
　　　状石墨＋少量球状石墨
腐蚀剂：4%硝酸酒精溶液

图 9-38

第十章
铜合金及其显微组织

　　铜及铜合金具有优良的导电、导热性能，具有足够的强度、弹性和耐磨性能以及良好的耐蚀性能，被广泛应用于仪表、罗盘、轴瓦、海洋工业等领域。近年来，随着人们生活水平的提高，用于空调器和热水器的紫铜管和家庭装潢用的给水铜管的用量也在不断增加。而航空航天、微电子等高新技术的发展对铜合金的应用提出了更高的要求，目前，弥散强化型高导电铜合金、半导体引线框架用铜合金等新型铜合金材料的应用也已十分成熟。

10.1　铜及其合金的分类

　　据不完全统计，目前国际上定型的铜合金已达 400 多种。铜及其合金按化学成分可以分为四大类：纯铜、黄铜、青铜和白铜。按加工方法的不同，可以分为铸造铜合金和形变铜合金。

10.2　铜及其合金显微组织

10.2.1　纯铜显微组织

　　纯铜的新鲜表面呈浅玫瑰红色，在大气下常常覆有一层紫色的氧化膜，又称紫铜。纯铜按氧含量和生产方法的不同可分为工业纯铜和无氧铜两种，其中工业纯铜按其氧含量可分为 T1、T2、T3、T4 四个等级。无氧铜分为 TU1、TU2、磷脱氧铜（TUP）、锰脱氧铜（TUMn）等。纯铜在高低温下均具有面心立方结构，具有较高的导电性和导热性（仅次于银）以及良好的耐蚀性和加工成形性，主要应用于制作导线、电器开关、冷凝器等。纯铜的基本相组成为单相 α 组织，图 10-1 为退火态 T2 纯铜在不同放大倍数下的显微组织图，显微组织为 α 相 + 少量孪晶。

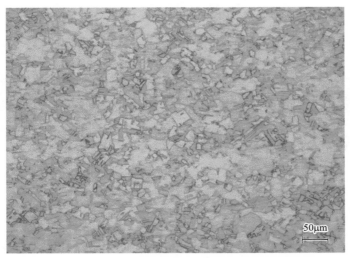

(a) 放大倍数：200×

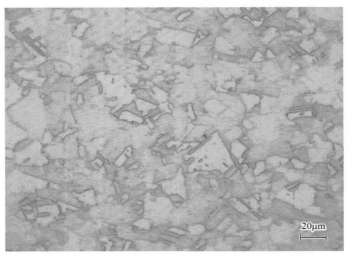

(b) 放大倍数：500×

材料：T2
状态：退火
组织：α 相 + 少量孪晶
腐蚀剂：盐酸三氯化铁溶液

图 10-1

10.2.2　黄铜显微组织

　　黄铜是指铜锌合金，在平衡状态下，当锌含量小于 36% 时，为单相 α 固溶体，当锌含量在 36% ~ 46% 时，为 α+β 两相组织。图 10-2 为退火态 H70 在不同放大倍数下的显微组织图，其组织为单相 α 固溶体 + 少量孪晶；图 10-3 为退火态 H62 的显微组织图，显微组织为 α+β 两相组织，其中白色的晶粒为 α 相，晶界上的黑色组织为 β 相；图 10-4 为退火态 H59 在不同放大倍数下的显微组织图，显微组织为 α+β 两相组织，其中白色的晶粒为 α 相，黑色组织为 β 相，在白色 α 相上还可见部分孪晶。

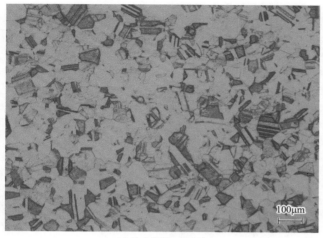

(a) 放大倍数：100×

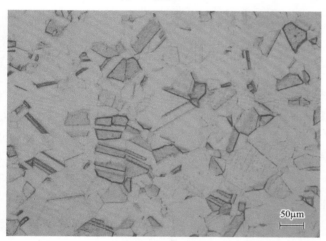

(b) 放大倍数：200×

图 10-2

材料：H70
状态：退火
组织：α 相 + 少量孪晶
腐蚀剂：盐酸三氯化铁溶液

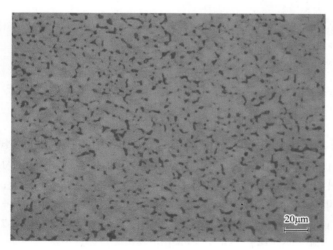

材料：H62
状态：退火
组织：α 相 +β 相
腐蚀剂：盐酸三氯化铁溶液
放大倍数：500 ×

图 10-3

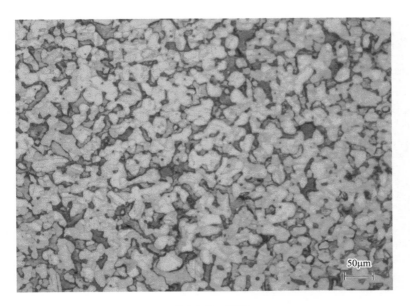

(a) 放大倍数：200×

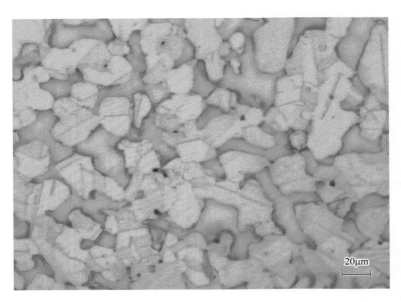

(b) 放大倍数：500×

材料：H59
状态：退火
组织：α相+β相
腐蚀剂：盐酸三氯化铁溶液

图 10-4

　　图 10-5 为铅黄铜 HPb59-1 铸态下的显微组织图，显微组织为 α 相 +β 相 + 黑色点状 Pb 粒子，白色组织为 α 相，黑色组织为 β 相，白色组织上的黑色点状物为 Pb 粒子；图 10-6 为铅黄铜 HPb59-1 退火态下的显微组织图，显微组织为 α 相 +β 相 + 微量黑色点状 Pb 粒子；图 10-7 为铸态锰黄铜 HMn55-3-1 在四种不同放大倍数下的显微组织图，显微组织为 α 相 +β 相 +Fe 相，其中白色条状组织为 α 相，黑色、灰色基体为 β 相，灰色粒状 [图 10-7 (a) ～图 10-7 (b)] 和灰色块状、星形状 [图 10-7 (c)] 为 Fe 相。

(a) 放大倍数：200×

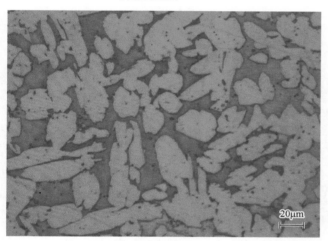

(b) 放大倍数：500×

材料：HPb59-1
状态：铸态
组织：α相+β相+Pb粒子
腐蚀剂：盐酸三氯化铁溶液

图 10-5

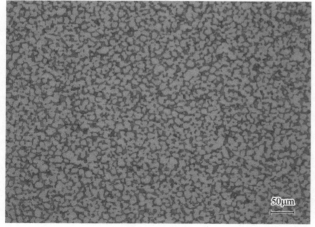

(a) 放大倍数：200×

图 10-6

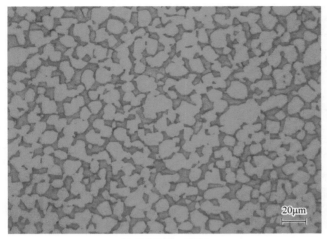

(b) 放大倍数：500×

图 10-6

材料：HPb59-1
状态：退火
组织：α 相 +β 相 + 微量 Pb 粒子
腐蚀剂：盐酸三氯化铁溶液

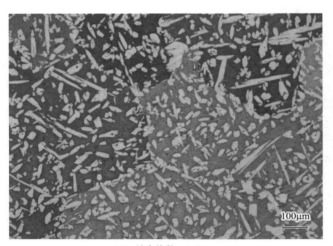

(a) 放大倍数：100×

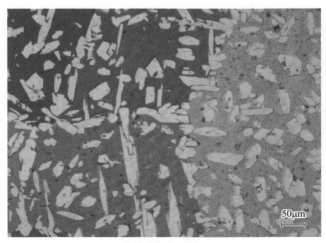

(b) 放大倍数：200×

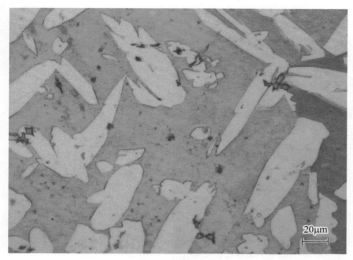

材料：HMn55-3-1
状态：铸态
组织：α相+β相+灰色块
    状、星形状Fe相
腐蚀剂：盐酸三氯化铁溶液

(c) 放大倍数：500×

图 10-7

10.2.3 青铜显微组织

青铜是指除纯铜、黄铜、白铜以外的各类铜合金，青铜的种类很多，添加元素不同，其组织与性能差别较大。常见的青铜有锡青铜、铝青铜和铍青铜。

铝青铜的力学性能和耐蚀性较好，是铜合金中应用较多的一种合金。α相是铝在铜中的固溶体，塑性较好，易进行冷热变形加工。当铝青铜中铝含量较低时，在一般铸造冷却条件下会得到单相α固溶体，当铝的质量分数为 8% ～ 9% 时，铸态组织中会出现（α+γ$_2$）共析体。图 10-8 为铝青铜铸态下的显微组织图，图中白色组织为 α 固溶体，黑色组织为（α+γ$_2$）共析体，白色组织上的黑色点状物为 $FeAl_3$。

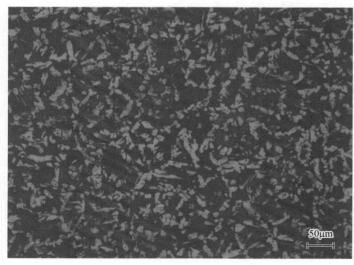

(a) 放大倍数：200×

图 10-8

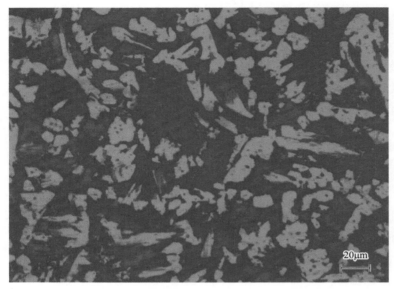

材料：铝青铜
状态：铸态
组织：α相+（α相+γ₂相）
　　　共析体+黑色点状
　　　$FeAl_3$
腐蚀剂：盐酸三氯化铁溶液

(b) 放大倍数：500×

图 10-8

　　图10-9为铝青铜退火态下的显微组织图，图中白色组织为α固溶体。黑色组织为（α+γ₂）共析体，白色组织上的黑色点状物为$FeAl_3$。图10-10为铝青铜（QAl10-4-4）铸态下的显微组织图，图中白色长条状组织为α固溶体，黑色组织为（α+γ₂）共析体，白色长条状上分布的黑色点状物为$FeAl_3$。

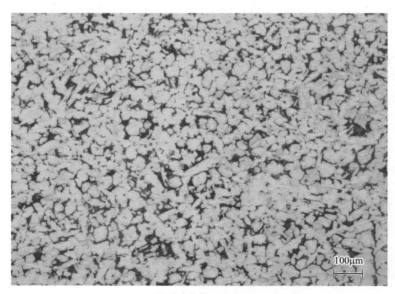

(a) 放大倍数：100×

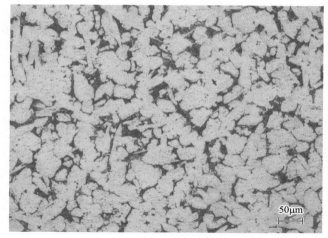

(b) 放大倍数：200×

图 10-9

材料：铝青铜
状态：退火
组织：α 相 +（α+γ$_2$）
共析体 + 黑色点状
FeAl$_3$
腐蚀剂：盐酸三氯化铁溶液

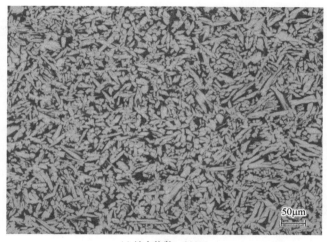

(a) 放大倍数：200×

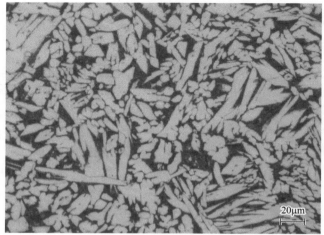

(b) 放大倍数：500×

图 10-10

材料：铝青铜
（QAl10-4-4）
状态：铸态
组织：α 相 +（α+γ$_2$）
共析体 + 黑色点状
FeAl$_3$
腐蚀剂：盐酸三氯化铁溶液

铍青铜是铜合金中综合性能极佳，时效效果极好的一种铜合金。其具有很高的强度、硬度和弹性极限。图 10-11 为铍青铜 QBe2 在 780℃加热，保温 2h 水淬后的显微组织，组织为单相 α，图 10-12 为 QBe2 在 780℃加热，保温 1h 水淬后的组织，组织为 α 相 +β 相。

材料：QBe2
状态：780℃加热，保温 2h
　　　水淬
组织：α 相
腐蚀剂：二氯化铜氨水溶液
放大倍数：500×

图 10-11

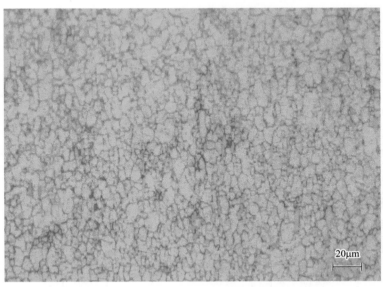

材料：QBe2
状态：780℃加热，保温 1h
　　　水淬
组织：α 相 +β 相
腐蚀剂：二氯化铜氨水溶液
放大倍数：500×

图 10-12

第十一章
钛合金及其显微组织

钛及钛合金具有密度小、比强度高、耐蚀性好、中温强度和低温韧性良好等一系列优异的性能，已在航空、航天、舰船、化工以及医疗领域得到了广泛的应用。

11.1　钛合金的分类

根据用途，钛合金可以分为结构钛合金、耐热钛合金、耐蚀钛合金。根据退火后的显微组织，钛合金可分为三类：α 型（TA 系）、β 型（TB 系）、α+β 型（TC 系）。

①α 型钛合金（TA 系）：退火组织以 α 钛为基体的单相固溶体合金称为 α 钛合金。α 钛合金的表示方法为 TA 后跟一个代表合金序号的数字，典型牌号有 TA4、TA7 等。这类合金高温性能好、组织稳定、焊接性和热稳定性好，是发展耐热钛合金的基础，一般不能通过热处理进行强化。

②β 型钛合金（TB 系）：含 β 相较多（> 17%）的合金称为 β 相钛合金。这类合金用符号 TB 表示，典型牌号有 TB1、TB2 等。工业上应用的 β 相钛合金在平衡状态下的显微组织为（α+β）两相组织，但采用空冷方式冷却时，可将高温的 β 相保持到室温，得到全部的β 相组织。β 相钛合金具有良好的加工性能，经淬火时效后可得到很高的室温强度。但高温组织不稳定，耐热性差，焊接性也不好。

③α+β 型钛合金（TC 系）：退火组织为（α+β）相的合金称为（α+β）双相钛合金。这类合金用符号 TC 表示，典型牌号有 TC4、TC11、TC16 等。这类合金的特点是含有 α 稳定元素和质量分数为 2% ～ 10% 的 β 稳定元素，因此这类合金具有较好的综合力学性能，强度比 α 型钛合金高，可热处理强化，是目前应用最为广泛的一类钛合金。

11.2　钛合金显微组织

11.2.1　α 型钛合金显微组织

图 11-1 为 TA7 退火态下的显微组织图。组织为单相 α。

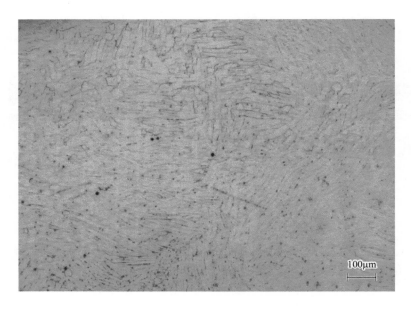

(a) 放大倍数：100×

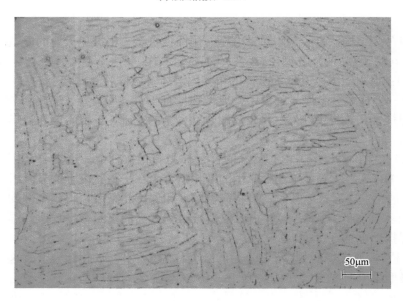

(b) 放大倍数：200×

材料：TA7
状态：退火
组织：白色拉长的 α 相
腐蚀剂：kroll 试剂

图 11-1

11.2.2　β 型钛合金显微组织

图 11-2 为 TB2 在 710℃加热空冷后的显微组织，组织为单相 β。图 11-3 为 Ti-422 在 780℃加热水冷后的组织，组织为单相 β。

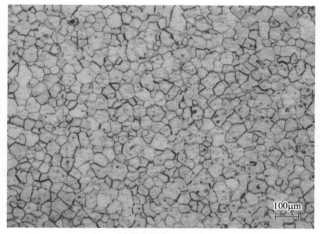

(a) 放大倍数：100×

(b) 放大倍数：200×

图 11-2

材料：TB2
状态：710℃加热空冷
组织：β 相
腐蚀剂：kroll 试剂

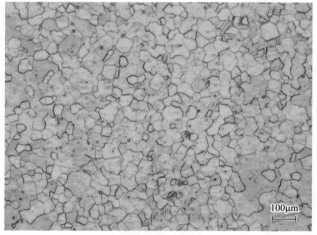

(a) 放大倍数：100×

图 11-3

材料：Ti-422
状态：780℃加热水冷
组织：β 相
腐蚀剂：kroll 试剂

(b) 放大倍数：200×

图 11-3

11.2.3　α+β 型钛合金显微组织

图 11-4 为 TC4 于 900℃退火后在不同放大倍数下的显微组织图，组织为等轴 α 相 +β 相。

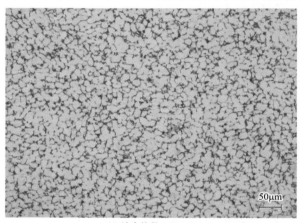

(a) 放大倍数：200×

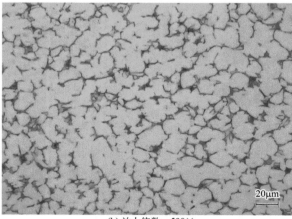

材料：TC4
状态：900℃退火
组织：等轴 α 相 +β 相
腐蚀剂：kroll 试剂

(b) 放大倍数：500×

图 11-4

图 11-5 为 TC4 于 980℃退火后在不同放大倍数下的显微组织图，组织为等轴 α 相 + 针状 α 相 +β 相，等轴 α 相数量较多，针状 α 相数量较少。

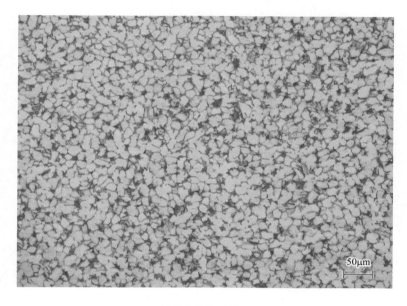

(a) 放大倍数：200×

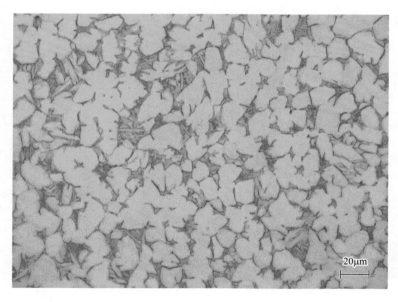

(b) 放大倍数：500×

材料：TC4
状态：980℃退火
组织：等轴 α 相 + 针状
      α 相 +β 相
腐蚀剂：kroll 试剂

图 11-5

图 11-6 为 TC4 于 1000℃退火后在不同放大倍数下的显微组织图，组织为等轴 α 相 + 针状 α 相 +β 相，等轴 α 相数量较少，针状 α 相数量较多。

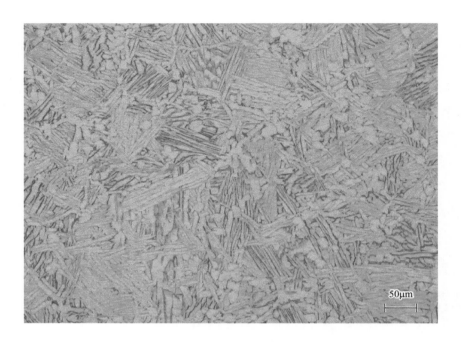

(a) 放大倍数：200×

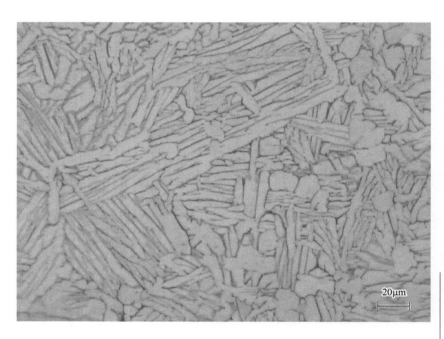

材料：TC4
状态：1000℃退火
组织：等轴 α 相 + 针状
        α 相 +β 相
腐蚀剂：kroll 试剂

(b) 放大倍数：500×

图 11-6

图 11-7 为 TC4 于 1050℃退火后在不同放大倍数下的显微组织图，组织为网篮状 α 相 +β 相。

(a) 放大倍数：100×

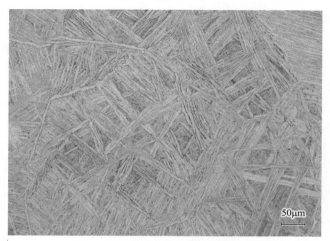

(b) 放大倍数：200×

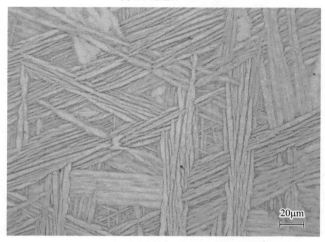

(c) 放大倍数：500×

材料：TC4
状态：1050℃退火
组织：网篮状 α 相 +β 相
腐蚀剂：kroll 试剂

图 11-7

图 11-8 为 TC4 于 1100℃退火后在不同放大倍数下的显微组织图，组织为片状 α 相 + 沿晶分布的 α 相 +β 相，由于加热温度较高，晶粒非常粗大。

(a) 放大倍数：100×

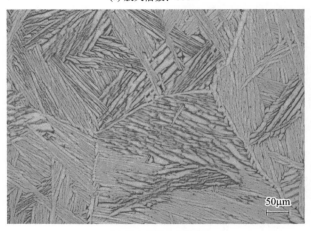

(b) 放大倍数：200×

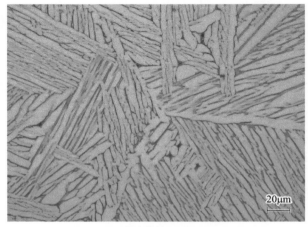

(c) 放大倍数：500×

材料：TC4
状态：1100℃退火
组织：片状 α 相 + 沿晶界分布
　　　的 α 相 +β 相
腐蚀剂：kroll 试剂

图 11-8

图 11-9 为 TC4 于 1150℃退火后在不同放大倍数下的显微组织图，组织为片状 α 相 + 针状 β 相，片状 α 相较细，晶粒粗大。

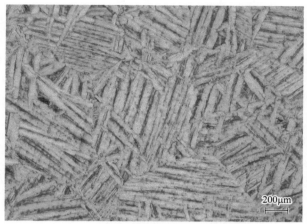

(a) 放大倍数：50×

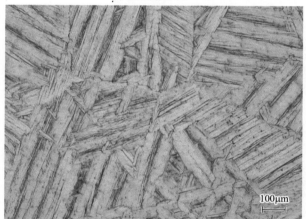

(b) 放大倍数：100×

(c) 放大倍数：200×

图 11-9

材料：TC4
状态：1150℃退火
组织：片状 α 相 + 针状 β 相
腐蚀剂：kroll 试剂

图 11-10 为 TC11 合金 970℃水冷，600℃时效后的显微组织图，组织为白色初生 α 相 + 白色针状 α 相 +β 相。图 11-11 为 TC11 合金 920℃退火后的显微组织图，组织为白色长条状 α 相 + 黑色 β 相。

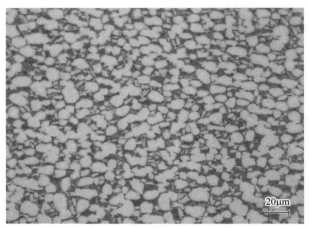

(a) 放大倍数：500×

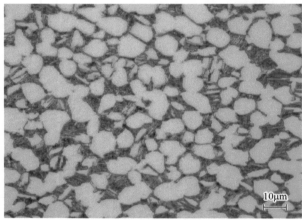

(b) 放大倍数：1000×

图 11-10

材料：TC11；
状态：970℃水冷，600℃时效
组织：初生 α 相 + 针状 α 相 +β 相
腐蚀剂：kroll 试剂

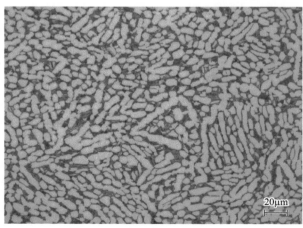

(a) 放大倍数：500×

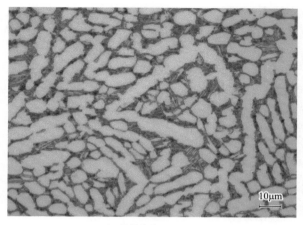

(b) 放大倍数：1000×

材料：TC11
状态：920℃退火
组织：长条状 α 相 +β 相
腐蚀剂：kroll 试剂

图 11-11

图 11-12 为 TC11 合金 950℃退火后的显微组织图，组织为白色块状 α 相 + 黑色 β 相。
图 11-13 为 TC11 合金 980℃退火后的显微组织图，组织为等轴 α 相 + 长条次生 α 相 +β 相。

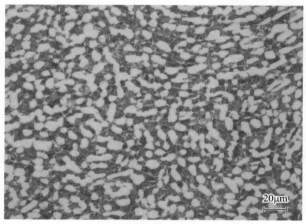

(a) 放大倍数：500×

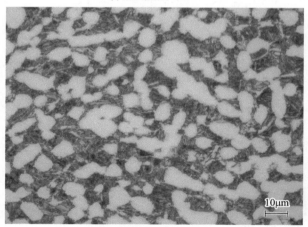

(b) 放大倍数：1000×

材料：TC11
状态：950℃退火
组织：白色块状 α 相 + 黑色 β 相
腐蚀剂：kroll 试剂

图 11-12

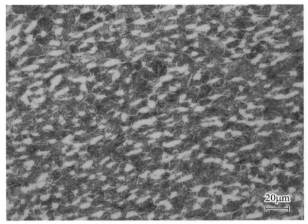

(a) 放大倍数：500×

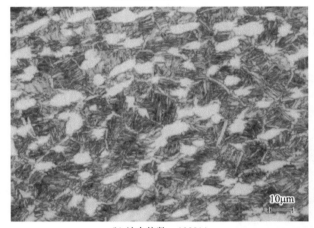

(b) 放大倍数：1000×

材料：TC11
状态：980℃退火
组织：等轴 α 相 + 长条次生 α 相 +β 相
腐蚀剂：kroll 试剂

图 11-13

图 11-14 为 TC4 合金于 950℃空冷后在不同放大倍数下的显微组织图。组织为白色块状 α 相 + 针状 α′ 马氏体。图中除了白色块状物 α 相外，其余均为针状 α′ 马氏体。

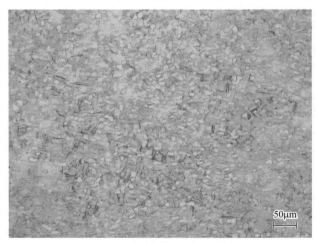

(a) 放大倍数：200×

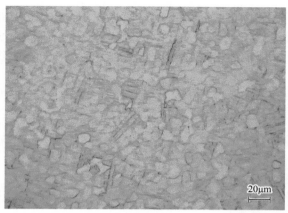

(b) 放大倍数：500×

材料：TC4
状态：950℃空冷
组织：白色块状 α 相 + 针状 α′ 马氏体
腐蚀剂：kroll 试剂

图 11-14

图 11-15 为 TC4 合金于 1000℃空冷后在不同放大倍数下的显微组织图。组织为白色块状 α 相 + 针状 α′ 马氏体。和上述 TC4 合金 950℃空冷后的显微组织相比，白色块状 α 相的数量明显减少，针状 α′ 马氏体数量大幅增加。

(a) 放大倍数：200×

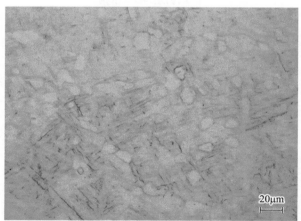

(b) 放大倍数：500×

材料：TC4
状态：1000℃空冷
组织：白色块状 α 相 + 针状 α′ 马氏体
腐蚀剂：kroll 试剂

图 11-15

图 11-16 为 TC4 合金于 950℃水冷后在不同放大倍数下的显微组织图，组织为块状 α相 + 少量 α'马氏体。由于 α'马氏体量非常少，明场观察下，α'马氏体不能清晰显示出。图 11-17 为 TC4 合金于 950℃水冷后在微分干涉条件下观察到的显微组织，图中凸起组织为α 相，凹下组织为 α'马氏体。

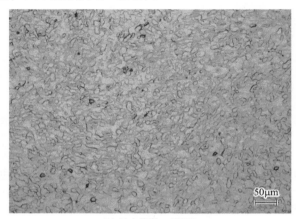

(a) 放大倍数：200×

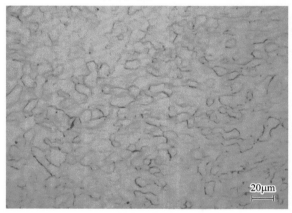

(b) 放大倍数：500×

材料：TC4
状态：950℃水冷
组织：块状 α 相 + 少量 α'马氏体
腐蚀剂：kroll 试剂

图 11-16

材料：TC4
状态：950℃水冷，微分干涉
组织：α 相（凸起）+ 少量 α'马氏体
腐蚀剂：kroll 试剂
放大倍数：500×

图 11-17

图 11-18 为 TC4 合金于 980℃水冷后在不同放大倍数下的显微组织图，组织为小块状 α 相 + 针状 α′ 马氏体。

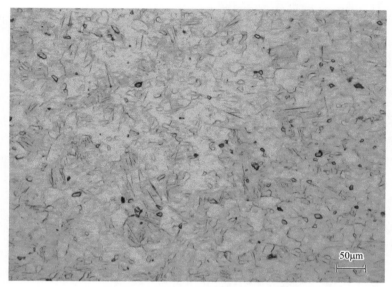

(a) 放大倍数：200×

(b) 放大倍数：500×

材料：TC4
状态：980℃水冷
组织：小块状 α 相 + 针
　　　状 α′ 马氏体
腐蚀剂：kroll 试剂

图 11-18

图 11-19 为 TC4 合金于 1000℃水冷后在不同放大倍数下的显微组织图，组织为针状 α′ 马氏体。图 11-20 为 TC4 合金于 1050℃水冷后在不同放大倍数下的显微组织图，组织也为针状 α′ 马氏体。由于此时加热温度非常高，晶粒较 1000℃水冷后的晶粒大一些，同时马氏体针的长度也较 1000℃水冷的粗大些。

(a) 放大倍数：50×

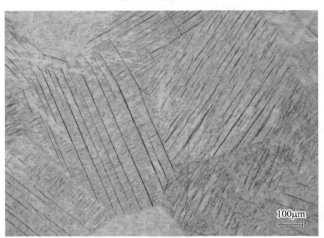

(b) 放大倍数：100×

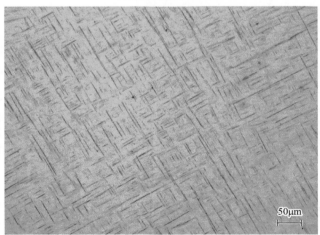

(c) 放大倍数：200×

材料：TC4
状态：1000℃水冷
组织：针状 α′ 马氏体
腐蚀剂：kroll 试剂

图 11-19

(a) 放大倍数：50×

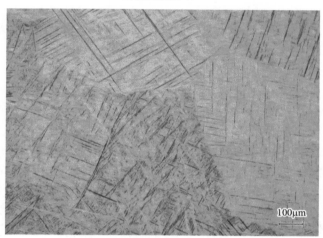

(b) 放大倍数：100×

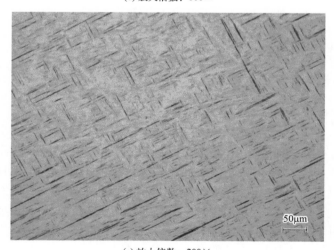

材料：TC4
状态：1050℃水冷
组织：针状 α′ 马氏体
腐蚀剂：kroll 试剂

(c) 放大倍数：200×

图 11-20

第十二章
铝合金及其显微组织

铝及铝合金由于具有密度小、塑性好、比强度高、耐蚀性和导电性好以及加工性能好等优良性能，在工业上得到了广泛的应用。

12.1　铝合金的分类

铝合金按成形方法可分为铸造铝合金和变形铝合金两类。每类合金根据其成分和应用特点又可以分为不同系列。铸造铝合金通常根据主要添加元素分为不同系列，按国家标准 GB/T 1173—2013《铸造铝合金》规定分为 Al-Si 系、Al-Cu 系、Al-Mg 和 Al-Zn 系等四大类。变形铝合金又可分为两大类：一类为不可热处理强化的铝合金，这类合金具有良好的抗蚀性，如防锈铝；另一类为可热处理强化的铝合金，这类合金通过热处理能显著提高力学性能，如锻铝、硬铝、超硬铝等。

12.2　铝合金显微组织

12.2.1　铸造铝硅合金组织

铸造铝硅合金的平衡组织为铝基体上分布着粗大的共晶硅，经过变质处理后其组织为枝晶状初晶 α 及细粒状硅与铝基体组成的（α+Si）共晶体。图 12-1 为 ZL102 变质前的显微组织图，图中白色基体为 α 相，灰色针状物为粗大的共晶硅；图 12-2 为 ZL102 变质后的显微组织图，图中白色枝晶状组织为初晶 α，其余为（α+Si）共晶体，共晶体中的 Si 呈粒状分布。图 12-3 为不同成分的亚共晶铝硅合金的显微组织图。初晶 α 呈明显的白色树枝晶形态，共晶体中的 Si 呈长条状和粒状特征。在亚共晶铝硅合金中，随着合金中 Si 含量的提高，初晶 α 减少，共晶组织增加。图 12-3（a）和图 12-3

（c）中初晶 α 和（α+Si）共晶体相对比例具有明显差异，图 12-3（a）中初晶 α 较多，（α+Si）共晶体较少；图 12-3（c）中初晶 α 相对较少，（α+Si）共晶体略多。图 12-4 为过共晶铝硅合金的显微组织图。图中粗大的灰色块状组织为初生相 Si，其余为（α+针状 Si）共晶体。

材料：ZL102
状态：铸态
组织：α 相 + 针状 Si
腐蚀剂：0.1% 氢氟酸
放大倍数：200×

图 12-1

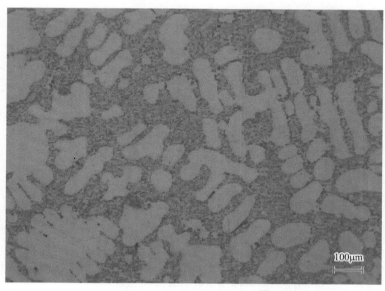

材料：ZL102
状态：变质处理
组织：α 相+（α+Si）共晶
腐蚀剂：0.1% 氢氟酸
放大倍数：100×

图 12-2

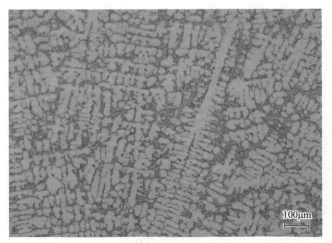

(a) 放大倍数：100×

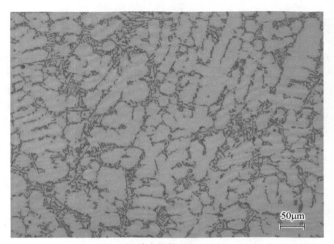

(b) 放大倍数：200×

(c) 放大倍数：100×

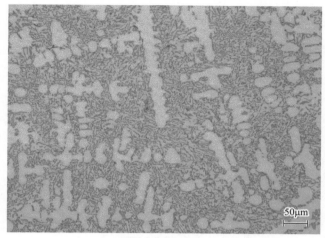

(d) 放大倍数：200×

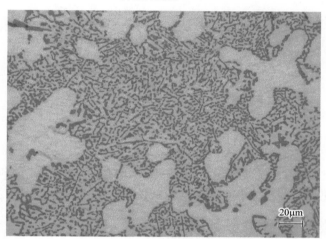

(e) 放大倍数：500×

图 12-3

材料：亚共晶铝硅合金
状态：铸态
组织：枝晶状初晶 α+（α+Si）共晶
腐蚀剂：0.1% 氢氟酸

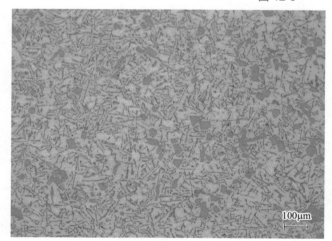

(a) 放大倍数：100×

图 12-4

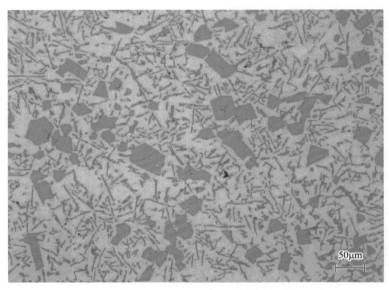

材料：过共晶铝硅合金
状态：铸态
组织：多边形块状初晶 Si+
（α+ 针状 Si）共晶
腐蚀剂：0.1% 氢氟酸

(b) 放大倍数：200×

图 12-4

12.2.2　防锈铝合金组织

图 12-5 为 5A05 退火态下的显微组织图，显微组织为 α 相 +β（Al_8Mg_5）+Al_6Mn。白色基体为 α 相，白色基体上分布的灰色的细小质点为 β（Al_8Mg_5），灰色块状物为 Al_6Mn。

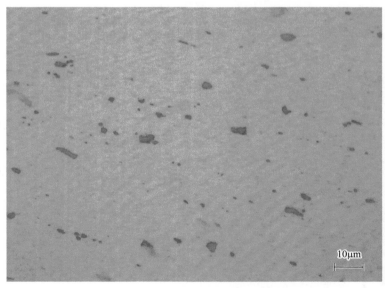

材料：5A05
状态：退火
组织：α 相 +β（Al_8Mg_5）+
Al_6Mn
腐蚀剂：0.1% 氢氟酸
放大倍数：1000×

图 12-5

第十三章
轴承合金显微组织

　　用来制作轴瓦及其内衬的耐磨合金称为轴承合金或轴瓦合金。这类合金具有良好的耐磨性能和减磨性能，有一定的抗压强度和硬度，有足够的疲劳强度和承载能力，有良好的塑性、冲击性能和导热性等，优点众多。

　　轴承合金的各种性能，除与合金的种类、化学成分、生产工艺等有关外，还与其显微组织密切相关。轴承合金的显微组织可以分为两大类：一类是具有软基体硬质点的显微组织；另一类是具有硬基体软质点的显微组织。常用的轴承合金按其化学成分可分为锡基、铅基、铝基和铜基等几种。其中锡基和铅基轴承合金又称为巴氏合金，是应用最为广泛的轴承合金，属于具有软基体硬质点显微组织的轴承合金。轴承合金牌号为：Z+ 基本元素符号 + 主加元素及其含量 + 辅加元素及其含量。

13.1　锡基轴承合金显微组织

　　锡基轴承合金是以锡为主，加入少量锑、铜等合金元素组成的合金，属于软基体硬质点显微组织类型的轴承合金。典型牌号有 ZSnSb4Cu4、ZSnSb8Cu4、ZSnSb11Cu6。锑对合金组织与性能有重大的影响：当 Sb 含量小于 9% 时，Sb 溶于 Sn 中形成锡基固溶体，提高合金的硬度和强度；当 Sb 含量大于 9% 时，合金显微组织中会出现方形或多边形的 SnSb 化合物，其会进一步提高合金的硬度和强度；当锑含量过高时，合金则变脆，性能恶化。合金中铜的加入，主要作用是防止密度较小的晶体 SnSb 在结晶过程中出现上浮而造成比重偏析现象，铜与锡会形成针状或星状化合物的初生相 Cu_6Sn_5，起到阻止后析出的 SnSb 化合物的偏析作用。在这类合金中，Sb 含量一般控制在 6% 以下，铜的加入也会提高合金的力学性能。这类合金的主要组成相为：Sb 溶于 Sn 中的锡基 α 固溶体（软基体），β 相化合物（SnSb）和 ε 相化合物（Cu_6Sn_5）。锡基轴承合金中最常用的为 ZSnSb11Cu6，其组织为 α+β+Cu_6Sn_5，图 13-1 为 ZSnSb11Cu6 铸态下的显微组织图，图中黑色基体为锡基 α 固溶体，白色块状物为 β 相化合物（SnSb 化合物），黑色 α 固溶体上的白色针状物为 Cu_6Sn_5 化合物。图 13-2 也为 ZSnSb11Cu6 铸态下的显微组织图，图中黑色基体为锡基 α 固溶体，白色块状物为 β 相化合物（SnSb 化合物），黑色 α 固溶体上的白色针状、粒状物为 Cu_6Sn_5 化合物。和图 13-1 相比，此时由于合金冷却速度较快，β 相化合物和 Cu_6Sn_5 化合物都较粗大，属于不正常组织。

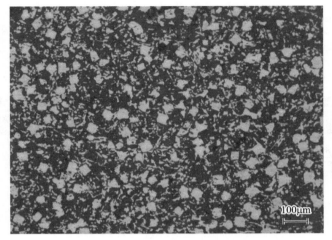

(a) 放大倍数：100×

(b) 放大倍数：200×

材料：ZSnSb11Cu6
状态：铸态
组织：黑色 α 相 + 块状 β 相 +
　　　针状 Cu_6Sn_5
腐蚀剂：4% 硝酸酒精溶液

图 13-1

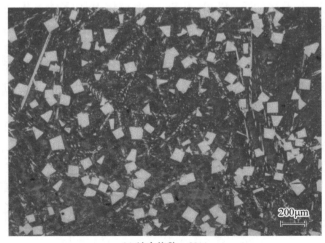

(a) 放大倍数：50×

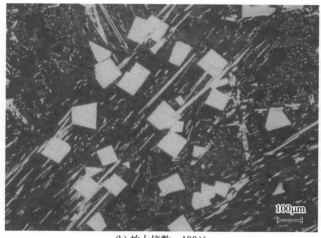

(b) 放大倍数：100×

(c) 放大倍数：200×

图 13-2

材料：ZSnSb11Cu6
状态：铸态
组织：黑色 α 相 + 块状 β 相 +
　　　针状、粒状 Cu₆Sn₅
腐蚀剂：4% 硝酸酒精溶液

13.2　铅基轴承合金显微组织

　　铅基轴承合金是以铅为主，加入少量锑、锡、铜等合金元素组成的合金，也属于软基体硬质点显微组织类型的轴承合金，主要组成相有铅、锡、锑的固溶体及 SnSb、Cu₃Sn、Cu₂Sb 等化合物。该类合金典型牌号有 ZPbSb16Sn16Cu2、ZPbSb15Sn5Cu3、ZPbSb15Sn10。其中最常用的为 ZPbSb16Sn16Cu2，其组织为 β 相 +（α+β）+ Cu₃Sn 或 Cu₂Sb。图 13-3 为 ZPbSb16Sn16Cu2 铸态下的显微组织图。图中白色块状物为 β 相化合物（SnSb 化合物），黑白相间分布的为共晶组织（α+β），白色针状物为 Cu₃Sn 或 Cu₂Sb 化合物。

　　除巴氏合金外，还有两种铸造青铜可作为轴承合金，典型牌号有 ZCuPb30、ZCuSn10P1，又称为铜基轴承合金。这类轴承合金是具有硬基体软质点显微组织的轴承合金，具有比巴氏合金更高的承载能力、更好的疲劳强度和耐磨性，可直接用于高速、高载工作条件下的耐磨零件，如发动机轴承、轴瓦等。

(a) 放大倍数：50×

(b) 放大倍数：100×

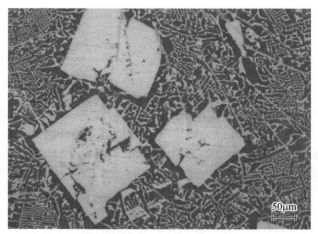

(c) 放大倍数：200×

图 13-3

材料：ZPbSb16Sn16Cu2
状态：铸态
组织：白色块状 β 相 + (α+β) +
　　　针状 Cu_3Sn 或
　　　Cu_2Sb
腐蚀剂：4% 硝酸酒精溶液

第十四章
铅锡及铅锡铋合金显微组织

14.1 铅锡二元合金

在铅锡二元合金中，铅锡两组元在液态下无限互溶，在固态下有限溶解，并且是一个具有共晶转变的合金，铅锡二元合金相图如图 14-1 所示。由铅锡二元合金相图可知，铅锡二元合金液态结晶时产生的初晶分别为 Pb（Sn）的 α 固溶体与 Sn（Pb）的 β 固溶体。最大溶解度，在 183℃时分别为 19% 和 2.5%，随温度下降，溶解度显著降低而析出次生晶。不同成分的铅锡二元合金在常温时的显微组织也不相同。

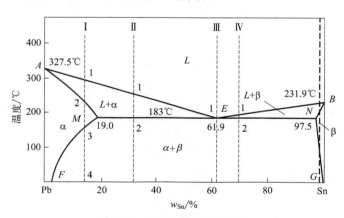

图 14-1 Pb-Sn 二元合金相图

14.1.1 Sn 含量 < 19% 的 Pb-Sn 二元合金显微组织

当合金中 Sn 含量 < 19% 时，组织为 α+β$_{II}$。图 14-2 为含 Sn 为 10% 的铅锡二元合金的显微组织图，图中黑色的基体为初生相 α 固溶体，白色颗粒状组织为从初生相 α 中所析出的次生相，称为 β$_{II}$。

材料：Sn 含量 10% 的
　　　Pb-Sn 二元合金
状态：铸态
组织：α+β_Ⅱ
腐蚀剂：4% 硝酸酒精溶液
放大倍数：100×

图 14-2

14.1.2　19%<Sn 含量 <61.9% 的 Pb-Sn 二元合金显微组织

　　当合金中 19% < Sn 含量 < 61.9% 时，显微组织为初生相 α+（α+β）共晶体 +β_Ⅱ 的亚共晶组织。图 14-3 为 Sn 含量为 50% 的亚共晶铅锡二元合金在不同放大倍数下的显微组织图，图中黑色枝晶状组织为初生相 α，黑白相间分布的组织为（α+β）共晶组织，初生相 α 上的白色颗粒组织为次生相 β_Ⅱ。

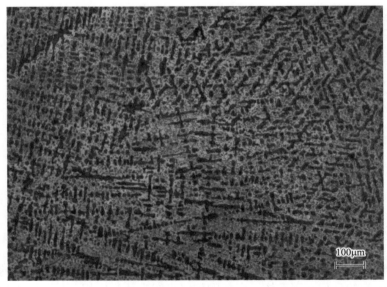

(a) 放大倍数：100×

材料：Sn 含量 50% 的
　　　Pb-Sn 二元合金
状态：铸态
组织：初生相 α+（α+β）
　　　共晶体 +β$_{\mathrm{II}}$
腐蚀剂：4% 硝酸酒精溶液

(b) 放大倍数：200×

图 14-3

14.1.3　Sn 含量 =61.9% 的 Pb-Sn 二元合金显微组织

　　当合金中 Sn 含量 =61.9% 时，显微组织为（α+β）共晶组织。图 14-4 为含 Sn 为 61.9%
的共晶铅锡二元合金的显微组织图，图中黑白相间分布的组织为（α+β）共晶组织。

材料：Sn 含量 =61.9% 的
　　　Pb-Sn 二元合金
状态：铸态
组织：（α+β）共晶体
腐蚀剂：4% 硝酸酒精溶液
放大倍数：100×

图 14-4

14.1.4　61.9%<Sn 含量 <97.5% 的 Pb-Sn 二元合金显微组织

当合金中 61.9% ＜ Sn 含量＜ 97.5% 时，显微组织为初生相 β+（α+β）共晶体 +α$_{II}$ 的过共晶组织。图 14-5 为 Sn 含量为 70% 的过共晶铅锡二元合金的显微组织图，图中白色枝晶状组织为初生相 β，黑白相间分布的组织为（α+β）共晶组织，初生相 β 边缘上的黑色点状物为次生相 α$_{II}$。

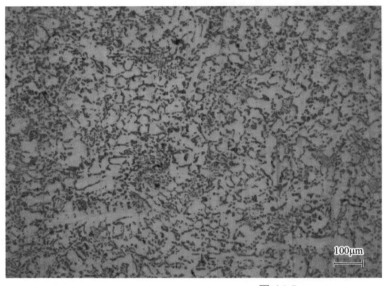

材料：Sn 含量 70% 的
　　　Pb-Sn 二元合金
状态：铸态
组织：初生相 β+（α+β）
　　　共晶体 + 次生相 α$_{II}$
腐蚀剂：4% 硝酸酒精溶液
放大倍数：100×

图 14-5

图 14-6 为 Sn 含量为 95% 的铅锡二元合金的显微组织图，图中白色块状组织为初生相 β，晶界上黑白相间分布的为（α+β），这种组织称为离异共晶组织。离异共晶指的是，结晶过程中，初生相较多，在后续的共晶转变过程中，共晶组织中与初生相相同的那个相会依附于初生相生长，而把另一个相排挤到最后凝固的边界处，出现了离异共晶的现象。

(a) 放大倍数：50×

材料：Sn 含量 95% 的
　　　Pb-Sn 二元合金
状态：铸态
组织：初生相 β+（α+β）
　　　共晶体（离异共晶）
腐蚀剂：4% 硝酸酒精溶液

(b) 放大倍数：100×

图 14-6

14.2　铅锡铋三元合金

图 14-7 为 Pb-Sn-Bi 三元合金相图的液相面投影图。以投影图的 Bi 角为例，e_1 为 Bi-Pb 二元共晶点，e_2 为 Bi-Sn 二元共晶点，e 为三元共晶点。位于 e_1-e 线上各成分的合金组织为（Bi+Pb）二元共晶 +（Bi+Pb+Sn）三元共晶组织；位于 e_2-e 线上各成分的合金组织为（Bi+Sn）二元共晶 +（Bi+Pb+Sn）三元共晶；位于 Bi-e 线上各成分的合金组织为初生相 Bi+（Bi+Pb+Sn）三元共晶。不在 Bi-e 线上的不同成分的合金组织，分别为初生相 Bi，（Pb+Bi）或（Bi+Sn）二元共晶和（Bi+Pb+Sn）三元共晶。

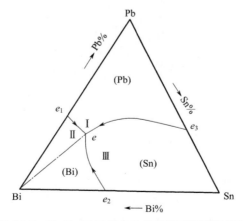

图 14-7　Pb-Sn-Bi 三元合金相图的液相面投影图

14.2.1　成分位于 Bi-e_1-e-e_2-Bi 区域的 Pb–Sn–Bi 三元合金显微组织

　　成分位于 Bi-e_1-e-e_2-Bi 区域的 Pb-Sn-Bi 三元合金显微组织为初生相 Bi,（Pb+Bi）或（Bi+Sn）二元共晶和（Bi+Pb+Sn）三元共晶。其中，成分位于 Bi-e_1-e-Bi 区域的 Pb-Sn-Bi 三元合金显微组织为初生相 Bi,（Pb+Bi）二元共晶和（Bi+Pb+Sn）三元共晶；成分位于 Bi-e-e_2-Bi 区域的 Pb-Sn-Bi 三元合金显微组织为初生相 Bi,（Bi+Sn）二元共晶和（Bi+Pb+Sn）三元共晶。

　　图 14-8 为 5%Pb+66%Bi+29%Sn 的铅锡铋三元合金的显微组织图，该合金成分位于 Bi-e-e_2-Bi 区域，显微组织为白色初生相 Bi 方块 +（Bi+Sn）二元共晶 +（Bi+Pb+Sn）三元共晶，图中白色块状组织为初生相 Bi，在块状物上分布的褐色点状物为（Bi+Sn）二元共晶组织，其余黑白相间分布的为（Bi+Pb+Sn）三元共晶组织。

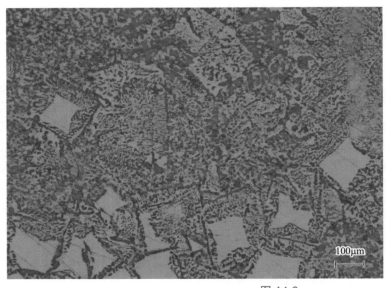

材料：5%Pb+66%Bi+29%Sn 的 Pb–Sn–Bi 合金
状态：铸态
组织：白色 Bi 方块 +（Bi+Sn）二元共晶 +（Bi+Pb+Sn）三元共晶
腐蚀剂：4% 硝酸酒精溶液
放大倍数：100×

图 14-8

14.2.2　成分位于 Bi-e 线上的 Pb–Sn–Bi 三元合金显微组织

　　图 14-9 为 25%Pb+60%Bi+15%Sn 的铅锡铋三元合金的显微组织图，该合金成分位于 Bi-e 线上，显微组织为白色 Bi 方块 +（Bi+Pb+Sn）三元共晶，图中白色块状组织为初生相 Bi，其余黑白相间分布的为（Bi+Pb+Sn）三元共晶组织。

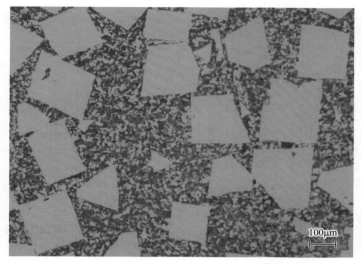

材料：25%Pb+60%Bi+
15%Sn 的 Pb–Sn–Bi
合金
状态：铸态
组织：白色 Bi 方块 + (Bi+
Pb+Sn) 三元共晶
腐蚀剂：4% 硝酸酒精溶液
放大倍数：100 ×

图 14-9

14.2.3　成分位于 e-e_2 线上的 Pb–Sn–Bi 三元合金显微组织

图 14-10 为 16%Pb+58%Bi+26%Sn 的铅锡铋三元合金的显微组织图，该合金成分位于 e-e_2 线上，显微组织为较亮的（Bi+Sn）二元共晶 +（Bi+Pb+Sn）三元共晶，图中在块状物上分布的褐色点状物为（Bi+Sn）二元共晶组织，黑白相间分布的为（Bi+Pb+Sn）三元共晶组织。

材料：16%Pb+58%Bi+
26%Sn 的 Pb–Sn–
Bi 合金
状态：铸态
组织：（Bi+Sn）二元共晶 +
（Bi+Pb+Sn）三元
共晶
腐蚀剂：4% 硝酸酒精溶液
放大倍数：100 ×

图 14-10

14.2.4　成分位于 e 点的 Pb–Sn–Bi 三元合金显微组织

图 14-11 为 32%Pb+51%Bi+17%Sn 的铅锡铋三元合金的显微组织图，该合金成分位于 e 点，显微组织为黑白相间分布的（Bi+Pb+Sn）三元共晶组织。

图 14-11

材料：32%Pb+51%Bi+
　　　17%Sn 的 Pb-Sn-
　　　Bi 合金
状态：铸态
组织：（Bi+Pb+Sn）三元
　　　共晶
腐蚀剂：4% 硝酸酒精溶液
放大倍数：100×

第十五章
焊接件显微组织

焊接是金属材料间最有效的连接方法，许多金属和合金的产品或构件都是通过焊接加工成形的。焊接过程是一个快速加热和快速冷却的过程，它是利用热源产生的高温使被焊金属局部加热发生熔化，同时将填充金属熔化滴入，形成金属液滴熔池。当热源移开时，由于周围冷金属的导热作用，使熔池的温度迅速降低，熔池随即凝固成焊缝。由于热源的高温作用，熔池周围的母材从室温一直被加热到较高温度，这部分被加热的母材金属，也随热源的离开而发生冷却，从而与焊缝共同形成一个焊接接头。焊接接头主要包括焊缝金属、母材受热影响区以及母材未受热影响区三部分。焊接接头的组织包括宏观组织与微观组织两种。

15.1 焊接接头的宏观组织

15.1.1 焊缝

焊缝由熔化金属凝固结晶而成。熔化金属是由熔化的填料和母材熔化部分混合组成熔池的液态金属。焊缝的宏观组织为铸态的柱状晶，从焊缝与母材交界面沿与熔池壁相垂直的方向伸向焊缝中心。由于焊缝的凝固是在热源不断向前移动的情况下进行的，随着熔池的向前推进，最大温度梯度方向也在不断改变，因此柱状晶长大最有利的方向也在改变，一般情况下熔池呈椭圆形，于是柱状晶垂直于熔池弯曲长大，在焊缝中心常呈八字形分布。经适当腐蚀后，在焊接件的宏观样品上可以看到焊缝中的柱状晶。

15.1.2 母材热影响区

母材热影响区位于焊接接头上与焊缝区紧邻的母材部分；这一区域温度范围很广，从固相线开始直到母材原始状态的温度，此区域包括过热区、重结晶区和回火温度区等。

15.1.3 母材未受热影响区

母材未受热影响区距离焊缝较远，紧邻母材热影响区。由于该区域未受到焊接热的作用，因此该区域大多保持着母材原始的加工状态，有时呈带状组织分布特征。

15.1.4　熔合线

在焊缝和热影响区的交界处常见一条较深的黑线，这条黑线即为熔合线。

图 15-1 为 35 钢和 20 钢焊接后焊接接头的宏观形貌图。左侧为 35 钢，右侧为 20 钢。图中中间 1 区为焊缝区，可以观察到明显的柱状晶特征。焊缝左右两侧 2 区和 3 区为母材热影响区，4 区为母材未受热影响区。1 区和 2 区交界处的黑色线条即为熔合线。由于各个区域组织不同，所以焊接接头经腐蚀后各个区域呈现深浅不同的颜色。

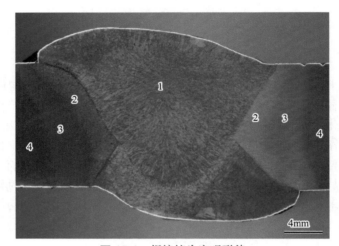

图 15-1　焊接接头宏观形貌

15.2　焊接接头的显微组织

15.2.1　焊缝区

焊缝是填料和母材受热熔化后，先凝固结晶然后连续快速冷却到室温形成的组织，因此焊缝从开始形成到室温经历了加热熔化、结晶和固态相变 3 个过程。从焊缝形成的三个过程来看，焊缝具有由结晶产生的一次组织和由固态相变生成的二次组织两种形态。一次组织又称初次组织，它是焊缝在熔化状态下经形核和长大完成结晶时的高温组织形态，属于凝固结晶的铸态组织。二次组织属于固态相变组织，是在焊缝由高温冷却到室温过程中发生固态相变而形成的。

15.2.1.1　焊缝的一次组织

焊缝金属的结晶类似于一个小钢锭，包括形核和长大两个过程，由于焊接过程本身的特点，熔池的结晶及焊缝凝固组织具有其特殊性。受焊缝组分过冷度大小影响，一次组织通常包括五种形态：平面晶、胞状晶、胞状树枝晶、柱状树枝晶以及等轴晶。常见的焊缝一次组织，以柱状树枝晶最为普遍。

15.2.1.2 焊缝的二次组织

高温奥氏体连续冷却至室温，发生相变使焊缝的高温组织转变成室温组织，即为二次组织。不同材料的焊缝，其二次组织也会不同。

15.2.2 热影响区

焊接热影响区是母材在焊接时于不同峰值热循环作用下形成的一系列连续变化的梯度组织，其实际上是一个从液相线到环境温度之间不同温度冷却所产生的连续多层组织区。母材热影响区中与焊缝距离不同的各个区域具有相应的不同的显微组织。具体组织转变取决于母材的成分、状态以及该区域所经历的热循环等。

15.2.3 熔合区

焊缝是由焊接填充材料与母材熔合部分相互混合后形成的熔化组织，包括焊缝中的液态填充金属与母材金属完全混合熔化区、焊缝中未混合的母材金属熔化区以及母材中部分熔化区。熔合线是液固两相共存的熔合区，是焊缝与母材的过渡区，它包括未混合熔化区与部分熔化区。熔合区组织十分粗大，化学成分和组织都极不均匀。熔合区很窄，是焊接接头最薄弱的部分，也是最容易发生焊接裂纹和脆断的部位。

图 15-2 为焊接热影响区与铁碳合金相图的关系图。

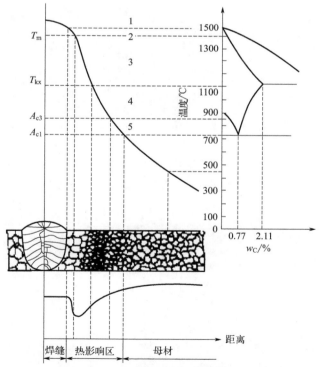

图 15-2　焊接热影响区与铁碳合金相图关系图

1—焊缝金属；2—熔合区；3—过热区；4—相变重结晶区（细晶区）；5—部分相变区

15.3 20钢和35钢焊接接头显微组织

以20钢和35钢焊接接头为例,分析焊接接头三个区域的显微组织。从上述焊接接头的宏观形貌来看(图15-1),在焊接接头上可以观察到1区、2区、3区、4区四个明显不同的区域,其中1区为焊缝区,2区和3区为焊接热影响区,由于2区和3区离焊缝距离不同,所受焊接热不同,在焊接热影响区内组织也不同,所以经腐蚀后呈现两种不同的颜色;4区为未受影响的母材区。

15.3.1 焊缝区组织

15.3.1.1 紧邻母材20钢的焊缝组织

图15-3为在不同放大倍数下紧邻20钢的焊缝区显微组织图,组织呈现为典型的柱状晶形态,晶界处为铁素体,晶内为索氏体和针状铁素体,呈魏氏组织特征。

(a) 放大倍数:50×

(b) 放大倍数:100×

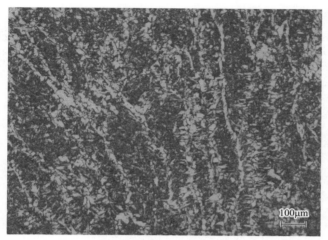

(c) 放大倍数：100×

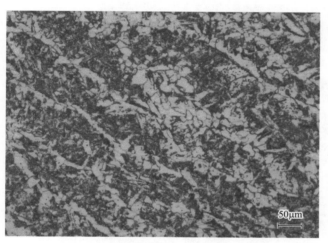

(d) 放大倍数：200×

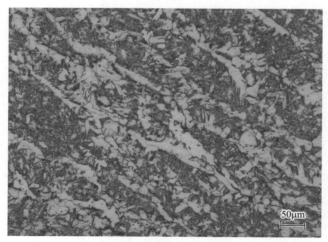

(e) 放大倍数：200×

材料：母材 20 钢
焊缝区组织：索氏体＋铁素体＋
　　　　　铁素体魏氏组织
腐蚀剂：4% 硝酸酒精溶液

图 15-3

15.3.1.2 紧邻母材 35 钢的焊缝组织

图 15-4 为在不同放大倍数下紧邻 35 钢的焊缝区显微组织图，和紧邻 20 钢的焊缝区显微组织特征相似，也呈现为典型的柱状晶形态，晶界处为铁素体，晶内为索氏体和针状铁素体，呈魏氏组织特征。

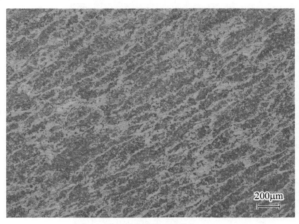

(a) 放大倍数：50×

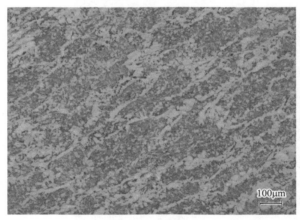

(b) 放大倍数：100×

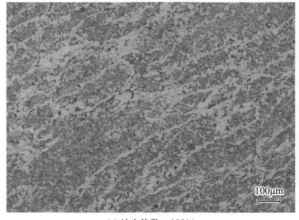

(c) 放大倍数：100×

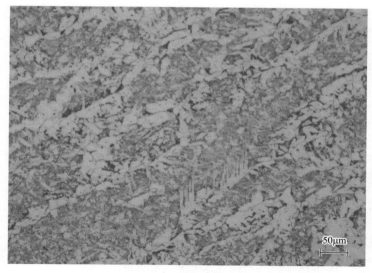

材料：母材 35 钢
焊缝区组织：索氏体 +
　　　　铁素体 + 铁
　　　　素体魏氏组织
腐蚀剂：4% 硝酸酒精溶液

(d) 放大倍数：200×

图 15-4

15.3.2　熔合区组织

15.3.2.1　20 钢熔合区组织

图 15-5 ～图 15-7 为 20 钢熔合区在不同放大倍数下的显微组织图。在图 15-5 中，右下角部分为焊缝区组织，呈现为柱状晶特征；紧邻焊缝区的为熔合区组织，为索氏体 + 铁素体魏氏组织，可以发现此处的晶粒比较粗大，如图 15-6 和图 15-7 所示。沿着显微组织图（图 15-5）的对角线方向（右下角至左上角方向），晶粒逐渐变小。

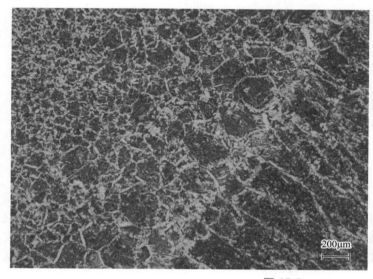

材料：母材 20 钢
从左至右组织：索氏体 + 铁素
　　　　体（晶粒细小）
　　　　→索氏体 + 铁
　　　　素体 + 铁素体
　　　　魏氏组织（晶粒
　　　　粗大）→索氏
　　　　体 + 铁素体 +
　　　　铁素体魏氏组
　　　　织（柱状晶）
腐蚀剂：4% 硝酸酒精溶液
放大倍数：50×

图 15-5

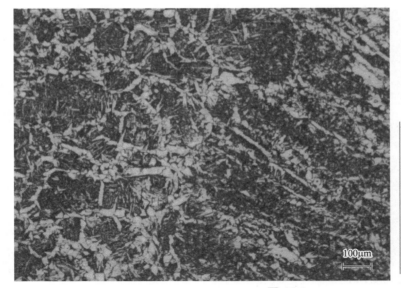

材料：母材 20 钢
从左至右组织：索氏体 + 铁素
体 + 铁素体魏
氏组织（晶粒
粗大）→索氏
体 + 铁素体 +
铁素体魏氏组
织（柱状晶）
腐蚀剂：4% 硝酸酒精溶液
放大倍数：100×

图 15-6

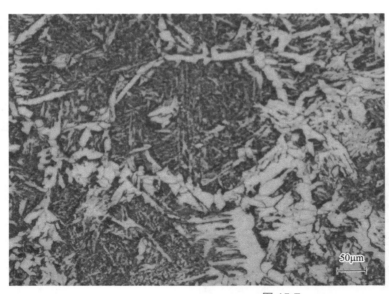

材料：母材 20 钢
熔合区组织：索氏体 + 铁素
体魏氏组织
（晶粒粗大）
腐蚀剂：4% 硝酸酒精溶液
放大倍数：200×

图 15-7

15.3.2.2 35 钢熔合区组织

图 15-8 ～ 图 15-10 为 35 钢熔合区在不同放大倍数下的显微组织图。在图 15-8 中，右上角部分为焊缝区组织，呈现为典型的柱状晶特征。紧邻焊缝区的为熔合区组织，为索氏体 + 严重的铁素体魏氏组织，可以发现此处的晶粒比较粗大，如图 15-9 和图 15-10 所示。沿着显微组织图（图 15-8）的对角线方向（右上角至左下角方向），晶粒逐渐变小。

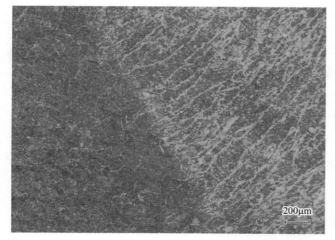

材料：母材 35 钢
从右至左组织：索氏体 + 铁素体 +
　　铁素体魏氏组织（柱
　　状晶）→索氏体 +
　　铁素体 + 铁素体魏
　　氏组织（晶粒粗大）→
　　索氏体 + 铁素体
　　（晶粒细小）
腐蚀剂：4% 硝酸酒精溶液
放大倍数：50×

图 15-8

材料：母材 35 钢
从右至左组织：索氏体 + 铁素体 +
　　铁素体魏氏组织（柱
　　状晶）→索氏体 +
　　铁素体 + 铁素体魏
　　氏组织（晶粒粗大）→
　　索氏体 + 铁素体
　　（晶粒细小）
腐蚀剂：4% 硝酸酒精溶液
放大倍数：100×

图 15-9

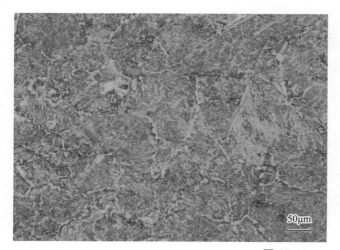

材料：母材 35 钢
熔合区组织：索氏体 + 铁素体魏氏
　　组织（晶粒粗大）
腐蚀剂：4% 硝酸酒精溶液
放大倍数：200×

图 15-10

15.3.3　热影响区的梯度组织

在热影响区，由于与焊缝距离不同的区域受到不同程度焊接热的作用，因此热影响区具有梯度组织。热影响区一般包括粗晶区（过热区）、细晶区和再结晶区等。

15.3.3.1　20 钢热影响区的梯度组织

图 15-11～图 15-17 为 20 钢热影响区的梯度组织。图 15-11 为熔合线附近的显微组织，为索氏体＋铁素体，晶粒非常粗大；图 15-11 左下角，晶粒较右侧晶粒小。图 15-12～图 15-14 分别为距离熔合线不同距离处的显微组织，距离熔合线越远，组织从粗大晶粒逐步过渡到细小晶粒。

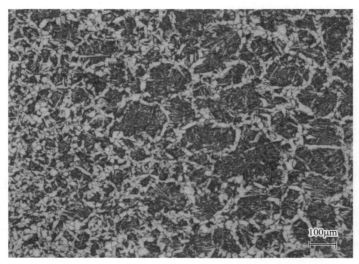

材料：母材 20 钢
从右至左：铁素体＋索氏体（晶粒粗
　　　　　大）→索氏体＋铁素体（晶
　　　　　粒变细）
腐蚀剂：4% 硝酸酒精溶液
放大倍数：100×

图 15-11

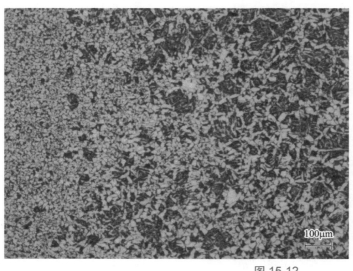

材料：母材 20 钢
从右至左：铁素体＋索氏体（晶粒较
　　　　　粗）→珠光体＋铁素体
　　　　　（部分细晶区）
腐蚀剂：4% 硝酸酒精溶液
放大倍数：100×

图 15-12

材料：母材 20 钢
从右至左：铁素体 + 索氏体
（晶粒略粗）→珠
光体 + 铁素体（部
分细晶区）
腐蚀剂：4% 硝酸酒精溶液
放大倍数：100×

100μm

图 15-13

材料：母材 20 钢
从右至左：铁素体 + 索氏体
（晶粒略粗）→珠
光体 + 铁素体（大
部分细晶区）
腐蚀剂：4% 硝酸酒精溶液
放大倍数：100×

100μm

图 15-14

　　图 15-15 为不同放大倍数下完全细晶区的组织，为均匀细小的铁素体 + 珠光体。图 15-16 为细晶区和部分相变区的显微组织，图中右侧组织为细晶区组织，为均匀细小的铁素体 + 珠光体；图中左侧为部分相变区组织，为尚未转变的铁素体 + 经部分相变后的细小珠光体和铁素体组织，部分珠光体呈现为粒状特征。图 15-17 为不同放大倍数下部分相变区组织，为铁素体 + 粒状珠光体。图 15-18 为部分相变区和母材的显微组织，图中右侧组织为部分相变区组织，为铁素体 + 粒状珠光体；图中左侧为 20 钢母材组织，为铁素体 + 珠光体。

(a) 放大倍数：100×

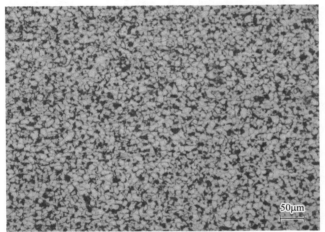

(b) 放大倍数：200×

材料：母材 20 钢
完全细晶区：铁素体 + 珠光体
腐蚀剂：4% 硝酸酒精溶液

图 15-15

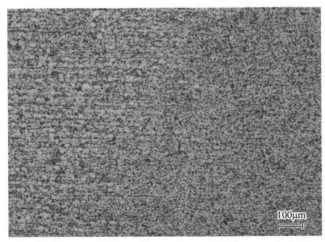

材料：母材 20 钢
从右至左：细晶区→部分相变区
组织：铁素体 + 珠光体
腐蚀剂：4% 硝酸酒精溶液
放大倍数：100×

图 15-16

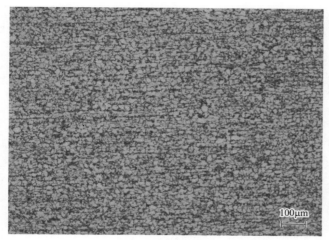

(a) 放大倍数：100×

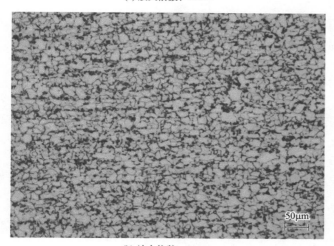

(b) 放大倍数：200×

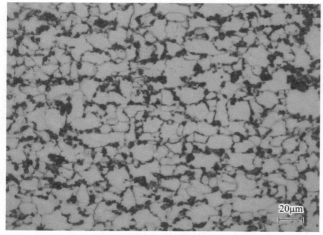

(c) 放大倍数：500×

图 15-17

材料：母材 20 钢
部分相变区：铁素体 + 粒状
珠光体
腐蚀剂：4% 硝酸酒精溶液

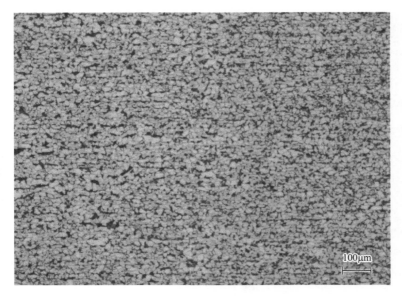

(a) 放大倍数：100×

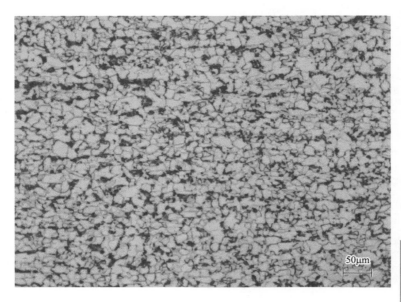

材料：母材 20 钢
从右至左：部分相变区→母材
组织：铁素体＋部分粒状珠光
　　　体→铁素体＋珠光体
腐蚀剂：4% 硝酸酒精溶液

(b) 放大倍数：200×

图 15-18

15.3.3.2　35 钢热影响区的梯度组织

图 15-19 ～图 15-23 为 35 钢热影响区的梯度组织。图 15-19 为熔合线附近的显微组织，为索氏体＋铁素体，晶粒非常粗大。图 15-20 和图 15-21 分别为距离熔合线不同距离处的显微组织，距离熔合线越远，组织从粗大晶粒逐步过渡到细小晶粒。

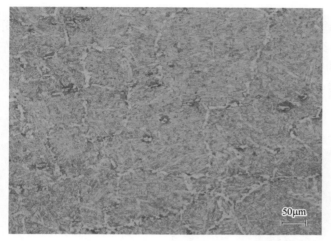

材料：母材 35 钢
粗晶区：索氏体 + 铁素体
腐蚀剂：4% 硝酸酒精溶液
放大倍数：200 ×

图 15-19

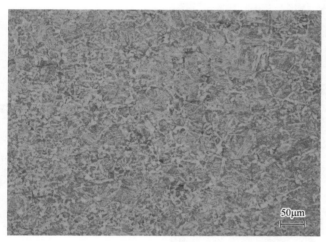

材料：母材 35 钢
从右至左：铁素体 + 索氏体（晶
　　　　　粒略粗）→珠光体 + 铁
　　　　　素体（小部分细晶区）
腐蚀剂：4% 硝酸酒精溶液
放大倍数：200 ×

图 15-20

材料：母材 35 钢
从右至左：铁素体 + 索氏体（晶
　　　　　粒略粗）→珠光体 + 铁
　　　　　素体（大部分细晶区）
腐蚀剂：4% 硝酸酒精溶液
放大倍数：200 ×

图 15-21

图 15-22 为完全细晶区，组织为均匀细小的铁素体＋珠光体。图 15-23 为细晶区和部分相变区的显微组织。图中右侧组织为细晶区组织，为均匀细小的铁素体＋珠光体；图中左侧为部分相变区组织，为尚未转变的铁素体＋经部分相变后的细小珠光体和铁素体组织，部分珠光体呈现为粒状特征。图 15-24 为不同放大倍数下部分相变区组织，为铁素体＋粒状珠光体。

材料：母材 35 钢
完全细晶区：铁素体＋珠光体
腐蚀剂：4% 硝酸酒精溶液
放大倍数：200×

图 15-22

材料：母材 35 钢
从右至左：细晶区→部分相变区
组织：铁素体＋珠光体→铁素
　　　体＋粒状珠光体
腐蚀剂：4% 硝酸酒精溶液
放大倍数：200×

图 15-23

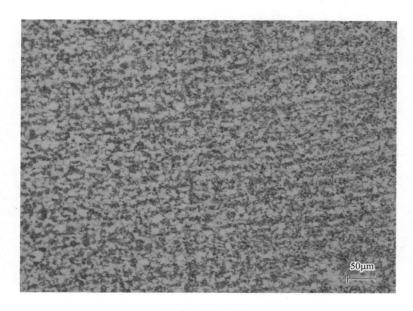

(a) 放大倍数：200×

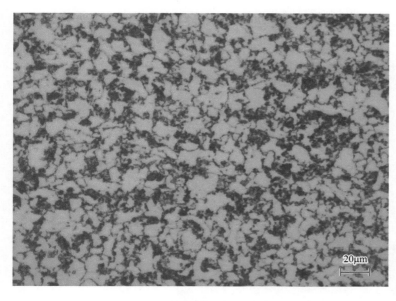

材料：母材 35 钢
部分相变区：铁素体 + 粒状珠
光体
腐蚀剂：4% 硝酸酒精溶液

(b) 放大倍数：500×

图 15-24

    图 15-25 为部分相变区和母材的显微组织。图中右侧组织为部分相变区，为铁素体 + 粒状珠光体；图中左侧为 35 钢母材组织，为铁素体 + 珠光体。

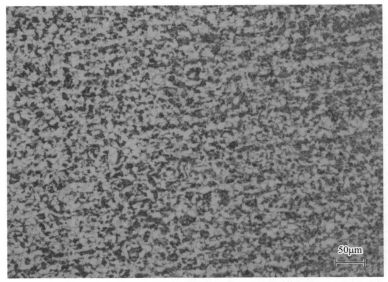

材料：母材 35 钢
从右至左：部分相变区→母材区
组织：铁素体 + 粒状珠光体→
　　　铁素体 + 珠光体
腐蚀剂：4% 硝酸酒精溶液
放大倍数：200×

图 15-25

15.3.4　基材组织

15.3.4.1　20 钢基材组织

20 钢基材组织为铁素体 + 珠光体，呈带状分布特征。显微组织如图 15-26 所示。

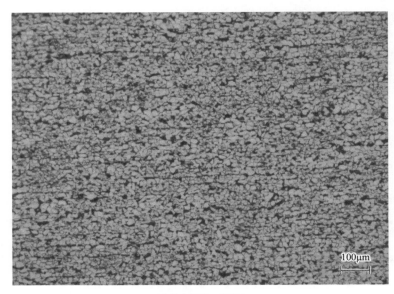

(a) 放大倍数：100×

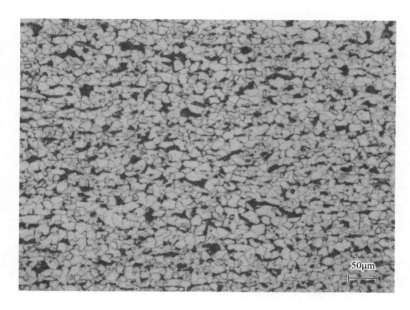

(b) 放大倍数：200×

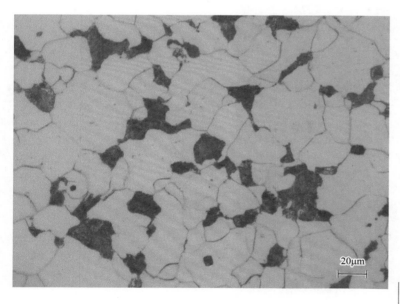

(c) 放大倍数：500×

图 15-26

材料：母材 20 钢
原始态组织：铁素体 + 珠光体
腐蚀剂：4% 硝酸酒精溶液

15.3.4.2　35 钢基材组织

35 钢基材组织为铁素体 + 珠光体，晶粒大小不均匀，部分晶粒略粗大。显微组织如图 15-27 所示。

(a) 放大倍数：100×

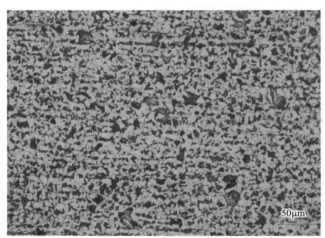

(b) 放大倍数：200×

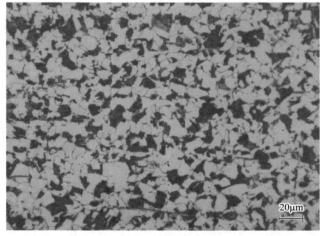

(c) 放大倍数：500×

图 15-27

材料：母材 35 钢
原始态组织：铁素体 + 珠光体
腐蚀剂：4% 硝酸酒精溶液

第十六章

表面渗镀涂层显微组织

钢铁材料经过表面处理可以改善零件的使用性能，延长零件的使用寿命。常见的表面处理工艺有渗碳、渗氮、氮碳共渗、碳氮共渗、渗金属、化学镀、电镀、微弧氧化以及激光熔覆等等。

16.1 渗碳

渗碳是将低碳钢或低碳合金钢置于具有足够碳势的介质中加热到奥氏体状态并保温，使活性碳原子渗入工件表层，从而获得高碳含量的渗层，然后进行淬火和低温回火，使工件表层与心部具有不同的成分、组织和性能。渗碳件渗完碳经淬火和低温回火后，一般表面硬度可达 58 ～ 62HRC，心部硬度可达 35 ～ 45HRC。

16.1.1 渗碳缓冷后的组织

渗碳工艺常常应用于低碳钢或低碳合金钢上。低碳钢或低碳合金钢经过渗碳后，在缓慢的冷却条件下可以获得接近平衡状态的显微组织。在渗碳过程中，工件表面的碳含量从表面高碳逐渐向里降低，一直到心部原材料的碳含量。由于碳含量不同，从工件表面至心部其显微组织分布也不同。正常情况下，渗碳缓冷后的组织一般可以分为过共析层、共析层、亚共析层过渡层和心部原始组织四个区域。过共析层组织由片状珠光体和网状、半网状、粒状碳化物组成；共析层组织由珠光体组成；亚共析层从出现铁素体开始算起，越往心部，铁素体组织越多，直至心部原始组织。图 16-1 为 20 钢在 930℃固体渗碳 1h 缓冷后的显微组织图，从右至左组织依次为珠光体（共析层）→珠光体＋铁素体（亚共析层）→珠光体＋铁素体（原始组织），渗碳层深度约为 0.27mm；图 16-2 为 16-1（b）的放大图，从右至左组织依次为珠光体（共析层）→珠光体＋铁素体（亚共析层）。图 16-3 为 20 钢在 930℃固体渗碳 2h 缓冷后的显微组织图，从右至左组织依次为珠光体（共析层）→珠光体＋铁素体（亚共析层）→珠光体＋铁素体（原始组织），渗碳层深度约为 0.46mm；图 16-4 为 20 钢在 930℃固体渗碳 2h 缓冷后表层共析层的显微组织图，组织为珠光体。图 16-5 为 20 钢在 930℃固体渗碳 4h

缓冷后的显微组织图，从右至左组织依次为：网状渗碳体＋珠光体（过共析层）→珠光体（共析层）→珠光体＋铁素体（亚共析层）→珠光体＋铁素体（原始组织），渗碳层深度约为1.1mm。图16-6为20钢在950℃固体渗碳2h缓冷后的显微组织图，从右至左组织依次为：网状渗碳体＋珠光体（过共析层）→珠光体（共析层）→珠光体＋铁素体（亚共析层）→珠光体＋铁素体（原始组织），渗碳层深度约为0.85mm；图16-7为20钢在950℃固体渗碳2h缓冷后表层过共析层的显微组织图，组织为珠光体＋网状渗碳体。图16-8为20CrMnTi在920℃气体渗碳4h缓冷后的显微组织图，从左至右组织依次为：珠光体＋粒状碳化物（过共析层）→珠光体（共析层）→珠光体＋铁素体（亚共析层）→珠光体＋铁素体（原始组织）。图16-9为20CrMnTi在920℃气体渗碳5h缓冷后的显微组织图，从左至右组织依次为：珠

(a) 放大倍数：100×

(b) 放大倍数：200×

材料：20钢
状态：930℃固体渗碳1h缓冷
组织：从表层至心部组织（珠光
　　　体→珠光体＋铁素体→
　　　心部珠光体＋铁素体）
腐蚀剂：4%硝酸酒精溶液

图16-1

光体＋粒状碳化物＋网状碳化物（过共析层）→珠光体（共析层）→珠光体＋铁素体（亚共析层）→珠光体＋铁素体（原始组织）。图 16-10 为图 16-9 的放大图，可以观察到渗碳层的过共析层组织，为珠光体＋粒状碳化物＋网状碳化物，可以发现，最表层为颗粒状碳化物，达到一定深度后才开始出现沿晶界分布的网状碳化物。图 16-11 为 20 钢在 930℃固体渗碳 6h 缓冷后的显微组织图。右侧表层出现一层脱碳层，为完全铁素体组织，往左依次为珠光体＋细网状渗碳体→珠光体→珠光体＋铁素体（亚共析层）→珠光体＋铁素体（原始组织）。图 16-12 为图 16-11 的放大图，表层出现一层脱碳层，为完全铁素体组织，往左依次为珠光体＋细网状渗碳体→珠光体。表层出现脱碳层主要是渗碳出炉时，工件在高温下直接接触空气，表面高温氧化所导致的，这种工件在后续淬火后表面硬度和耐磨性会降低。

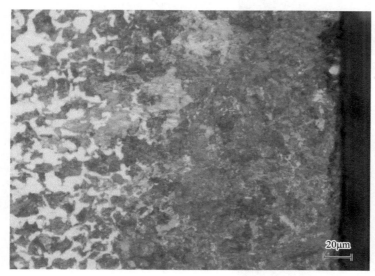

材料：20 钢
状态：930℃固体渗碳 1h 缓冷
组织：从表层至心部组织（珠光体→珠光体＋铁素体）
腐蚀剂：4% 硝酸酒精溶液
放大倍数：500×

图 16-2

(a) 放大倍数：100×

图 16-3

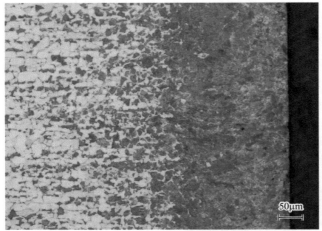

(b) 放大倍数：200×

材料：20 钢
状态：930℃固体渗碳 2h 缓冷
组织：从表层至心部组织（珠光体→珠
光体 + 铁素体→心部珠光体 +
铁素体）
腐蚀剂：4% 硝酸酒精溶液

图 16-3

材料：20 钢
状态：930℃固体渗碳 2h 缓冷
组织：表层共析层组织（珠光体）
腐蚀剂：4% 硝酸酒精溶液
放大倍数：500×

图 16-4

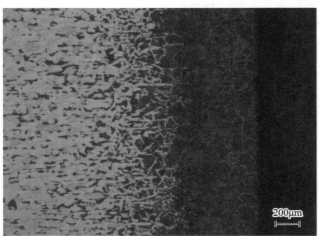

(a) 放大倍数：50×

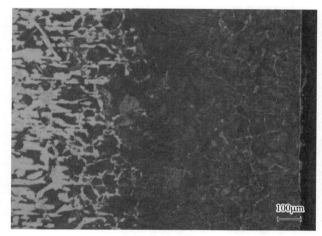

(b) 放大倍数：100×

图 16-5

材料：20 钢
状态：930℃固体渗碳 4h 缓冷
组织：从表层至心部组织（珠光体＋网状
　　　渗碳体→珠光体→珠光体＋铁
　　　素体→心部珠光体＋铁素体）
腐蚀剂：4% 硝酸酒精溶液

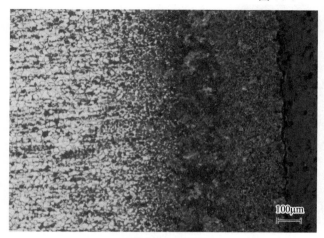

(a) 放大倍数：100×

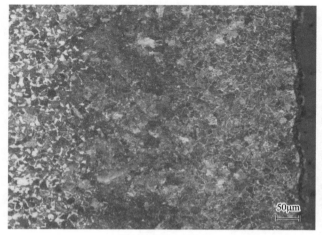

(b) 放大倍数：200×

材料：20 钢
状态：950℃固体渗碳 2h 缓冷
组织：从表层至心部组织（珠光体＋网状
　　　渗碳体网→珠光体→珠光体＋
　　　铁素体）
腐蚀剂：4% 硝酸酒精溶液

图 16-6

材料：20 钢
状态：950℃固体渗碳 2h 缓冷
组织：表层过共析层组织（珠光体 +
　　　网状渗碳体）
腐蚀剂：4% 硝酸酒精溶液
放大倍数：500×

图 16-7

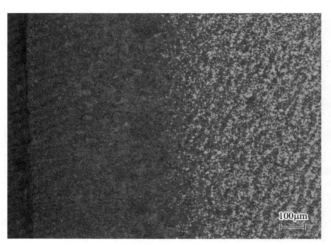

(a) 放大倍数：100×

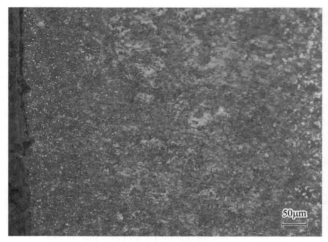

(b) 放大倍数：200×

材料：20CrMnTi
状态：920℃气体渗碳 4h 缓冷
组织：从表层至心部组织（珠光体 + 粒
　　　状碳化物→珠光体→珠光体 + 铁
　　　素体）
腐蚀剂：4% 硝酸酒精溶液

图 16-8

材料：20CrMnTi
状态：920℃气体渗碳 5h
　　　缓冷
组织：从表层至心部组织
　　　（珠光体 + 粒状碳
　　　化物 + 网状碳化
　　　物→珠光体→珠光
　　　体 + 铁素体→心部
　　　珠光体 + 铁素体）
腐蚀剂：4% 硝酸酒精
　　　溶液
放大倍数：200×

图 16-9

材料：20CrMnTi
状态：920℃气体渗碳 5h 缓冷
组织：最表层过共析层组织（珠光体 +
　　　粒状碳化物 + 网状碳化物）
腐蚀剂：4% 硝酸酒精溶液
放大倍数：500×

图 16-10

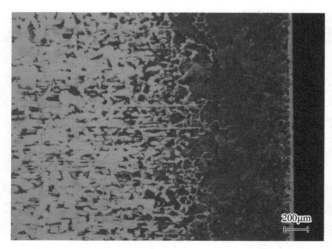

材料：20 钢
状态：930℃固体渗碳 6h 缓冷
组织：从表层至心部组织（铁素体→珠
　　　光体 + 网状渗碳体→珠光体→珠
　　　光体 + 铁素体→心部珠光体 +
　　　铁素体）
腐蚀剂：4% 硝酸酒精溶液
放大倍数：50×

图 16-11

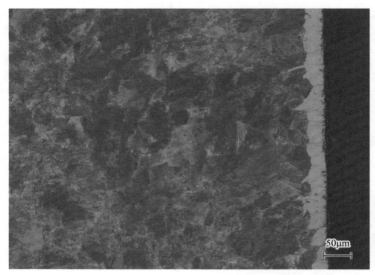

材料：20 钢
状态：930℃固体渗碳 6h 缓冷
组织：表层组织（铁素体→珠光
　　　体＋网状渗碳体→珠光体）
腐蚀剂：4% 硝酸酒精溶液
放大倍数：200×

图 16-12

16.1.2　渗碳淬火、回火后的组织

　　工件渗碳后，形成了表层高碳、心部低碳的工件，为了提高表面硬度和保持心部韧性，工件在渗完碳后必须进行淬火和低温回火处理。渗碳淬火工艺可以分为渗碳后直接淬火工艺和渗碳后空冷再进行淬火工艺。正常淬火、回火后表层获得细小的针状马氏体＋粒状碳化物＋少量的残余奥氏体。工件心部的组织根据渗碳工件材料的淬透性高低及工件截面尺寸的大小不同会得到不同的组织，一般由板条马氏体、索氏体、屈氏体和铁素体等组织组成。对于工件或齿轮的力学性能及弯曲疲劳性能来说，一般心部为板条马氏体比较好，其硬度为 33 ～ 48HRC，因为板条马氏体的综合力学性能较好。心部出现断续分布的细小条状铁素体，是淬火冷却速度不够所导致的；心部出现块状铁素体，是加热温度不足所引起的，块状铁素体的存在会使心部硬度值下降。图 16-13 为20CrMnTi 渗碳后 850℃淬火、180℃回火后的显微组织，表层组织为回火马氏体＋块状碳化物＋少量残余奥氏体。图 16-14 为 20CrMnTi 渗碳后 850℃淬火、180℃回火后共析层的显微组织，为回火针状马氏体＋残余奥氏体。图 16-15 和图 16-16 为 20CrMnTi 渗碳层淬火、回火后的心部组织。图 16-15 为 20CrMnTi 渗碳后 810℃淬火、180℃回火后心部的组织，为板条马氏体＋铁素体；图 16-16 为 20CrMnTi 渗碳后 850℃淬火、180℃回火后心部已淬透的组织，全部为板条马氏体。图 16-17 为 20CrMnTi 渗碳后 890℃淬火、180℃回火后的显微组织，表层组织为回火针状马氏体＋大量的残余奥氏体，未观察到碳化物，这是淬火加热温度过高而导致的。

(a) 放大倍数：200×

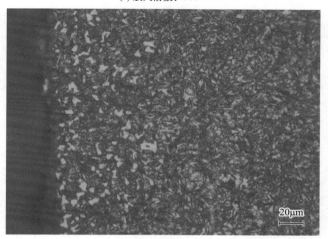

(b) 放大倍数：500×

图 16-13

材料：20CrMnTi
状态：渗碳后 850℃淬火、180℃回火
组织：表层回火马氏体 + 块状碳化物 +
　　　少量残余奥氏体
腐蚀剂：4% 硝酸酒精溶液

图 16-14

材料：20CrMnTi
状态：渗碳后 850℃淬火、180℃回火
组织：回火针状马氏体 + 残余奥氏体
　　　（共析层）
腐蚀剂：4% 硝酸酒精溶液
放大倍数：500×

材料：20CrMnTi
状态：渗碳后 810℃淬火、180℃回火
组织：板条马氏体 + 未溶铁素体（心部）
腐蚀剂：4% 硝酸酒精溶液
放大倍数：500 ×

图 16-15

材料：20CrMnTi
状态：渗碳后 850℃淬火、180℃
组织：板条马氏体（心部淬透）
腐蚀剂：4% 硝酸酒精溶液
放大倍数：500 ×

图 16-16

(a)

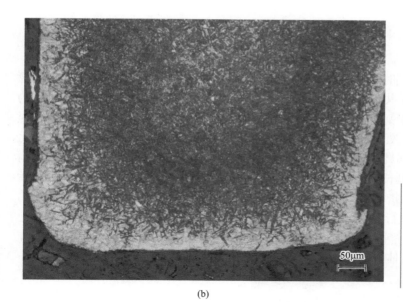

材料：20CrMnTi
状态：渗碳后 890℃淬火、
　　　180℃回火
组织：回火针状马氏体＋大量
　　　的残余奥氏体（表层）
腐蚀剂：4% 硝酸酒精溶液
放大倍数：200×

(b)

图 16-17

16.2　渗氮

　　渗氮是指在一定温度下，使活性氮原子渗入工件表面的一种化学热处理方法，又称氮化。渗氮改变了工件表面的组织状态，使钢铁材料在静载荷和交变应力下具有高的硬度、耐磨性、疲劳强度等，因此渗氮已被广泛应用于各种精密的高速传动齿轮、高精度机床主轴等。图 16-18 为 38CrMoAl 调质后在 540℃氮化 35h 的剖面形貌图。最表层有氧化层组织，次表层为白亮层，再往里，出现网状分布的氮化物，基体组织为回火索氏体。

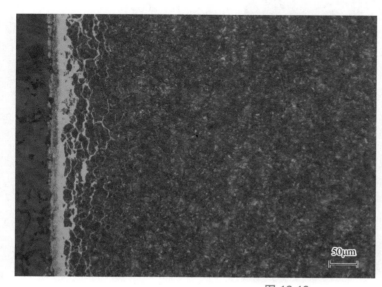

材料：38CrMoAl
状态：调质后，540℃氮化 35h
组织：从表层至心部组织（氧化
　　　层→白亮层→网状氮化
　　　物→回火索氏体）
腐蚀剂：4% 硝酸酒精溶液
放大倍数：200×

图 16-18

16.3 碳氮共渗

碳氮共渗是向工件表面同时渗入碳原子和氮原子的过程。目前以中温碳氮共渗和低温碳氮共渗应用比较广泛。中温碳氮共渗是在一定温度下，向工件表层同时渗入碳和氮，并以渗碳为主的化学热处理工艺。低温碳氮共渗是在一定温度下，向工件表层同时渗入氮和碳，并以渗氮为主的化学热处理工艺，因其处理后渗层脆性较小，硬度较渗氮层低，所以又称软氮化。碳氮共渗的目的是在保持工件内部具有较高韧性的条件下，得到高硬度、高强度的表面层，以提高工件的耐磨性和疲劳强度，延长工件的使用寿命。图 16-19 为 40Cr 在 560℃软氮化后剖面形貌图，最表层为白亮层，往里为扩散层，再往里为心部组织，为回火索氏体＋铁素体。图 16-20 为 Q235 在 560℃软氮化后，再进行 300℃，1.5h 回火后在不同放大倍数下的剖面形貌，最右侧黑色区域为镶嵌材料，紧邻镶嵌材料的白亮层为化合物层，中间黑色带区为珠光体类组织，再往左为扩散层，为铁素体和沿铁素体析出的针状 Fe_4N，最左侧区域为基材组织铁素体＋珠光体。

材料：40Cr
状态：560℃软氮化
组织：表层白色软氮化层
腐蚀剂：4% 硝酸酒精溶液
放大倍数：200×

图 16-19

(a) 放大倍数：200×

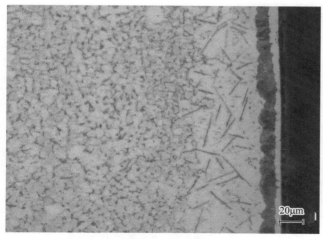

(b) 放大倍数：500×

材料：Q235
状态：560℃软氮化，300℃，1.5h 回火
组织：表层白色化合物层 + 屈氏体 +
　　　扩散层（铁素体、Fe_4N）
腐蚀剂：4% 硝酸酒精溶液

图 16-20

16.4　渗硼

　　渗硼是将硼元素渗入工件的表面，使之形成硼化物层。根据渗硼工艺的不同，硼化物层可以是单相 Fe_2B 层或双相 FeB 和 Fe_2B 层，硼化物层硬度高达 1400 ～ 2100HV 左右。图 16-21 为 45 钢于 850℃渗硼 6h 在不同放大倍数下的剖面形貌。表层渗硼层为锯齿状特征，呈针状嵌入基体，基体组织为索氏体 + 铁素体，渗硼层厚度约为 75μm。图 16-22 为 45 钢于 900℃渗硼 4h 未经腐蚀在不同放大倍数下的形貌图，渗硼层锯齿状特征更加明显。

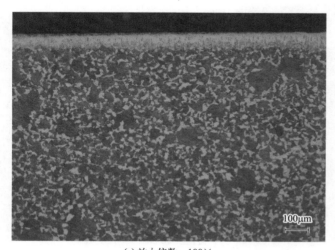

(a) 放大倍数：100×

图 16-21

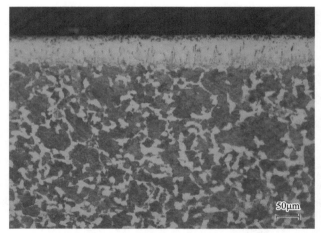

(b) 放大倍数：200×

图 16-21

材料：45 钢
状态：850℃固体渗硼 6h
组织：表层渗硼层以针状嵌入基体
腐蚀剂：4% 硝酸酒精溶液

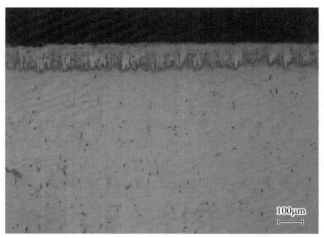

(a) 放大倍数：100×

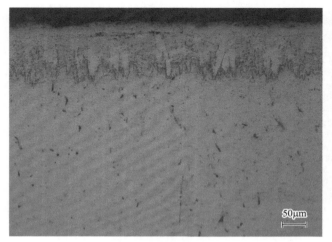

(b) 放大倍数：200×

材料：45 钢
状态：900℃固体渗硼 4h
组织：表层渗硼层以针状嵌入基体
腐蚀剂：未侵蚀

图 16-22

图 16-23 为 45 钢于 950℃ 固体渗硼 4h 在不同放大倍数下的剖面形貌。表层渗硼层上有明显裂纹,最表层 FeB 呈深灰色针状嵌入 Fe_2B 中,而 Fe_2B 呈锯齿状嵌入基材中,基材组织为索氏体 + 网状铁素体。由于渗硼温度高,保温时间较长,基材组织的晶粒非常粗大。渗硼层厚度约为 320μm。

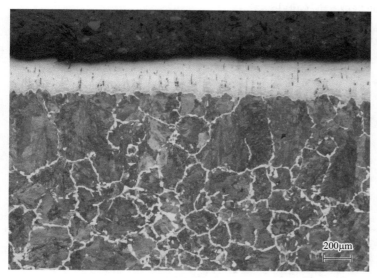

(a) 放大倍数:50×

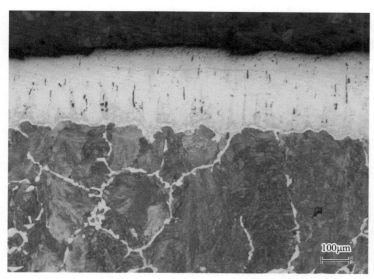

(b) 放大倍数:100×

材料:45 钢
状态:950℃固体渗硼 4h
组织:表层渗硼层以针状嵌入
　　　基体
腐蚀剂:4% 硝酸酒精溶液

图 16-23

16.5　渗铬

渗铬是指在一定温度下将铬原子渗入工件表面,在工件表面形成一层铬铁化合物层。渗铬可用来提高工件的耐腐蚀性、抗氧化性以及耐磨性等。图 16-24 为 A3 钢于 1150℃ 固体渗铬 3h 在不同放大倍数下的剖面形貌图。图中左侧白亮层即为渗铬层，为铬铁化合物层，厚度约为 30μm，紧邻铬铁化合物层有一层共析层，组织为珠光体，右侧为基材 A3 钢的显微组织，为铁素体 + 珠光体。出现共析层的原因是铬铁化合物层不溶碳，表层的碳被排挤到铬铁化合物层和基材交界处，从而形成一层高碳区。

100μm

(a) 放大倍数：100×

50μm

(b) 放大倍数：200×

材料：A3 钢
状态：1150℃固体渗铬 3h
组织：表层白亮层（铬铁化合物层）
腐蚀剂：4% 硝酸酒精溶液

图 16-24

16.6　渗铝

　　渗铝是指在一定温度下将铝原子渗入工件表面，在工件表面形成一层铝铁化合物层。

渗铝既能保持基体的韧性，又能提高工件的抗高温氧化性和抗腐蚀性。为了使钢铁零件在高温下具有良好的抗氧化性和在某些介质中具有较好的抗腐蚀性，低碳钢或中碳钢经渗铝处理后可以成为抗氧化钢的替代品，使其能在950℃左右长期使用。图16-25为20钢在970℃渗铝6h的剖面形貌图，图中左侧白亮层为渗铝层，为铝铁化合物层，厚度约为100μm。在渗铝层下面有一富碳区，因为铝铁化合物不溶解碳，从而使碳原子向内迁移，在渗铝层与基体分界区存在一层高碳区，所以图中在渗铝层和20钢基体的交界处，可以发现黑色珠光体的含量明显高于20钢基材中珠光体的含量，这是此处碳含量高而导致的。

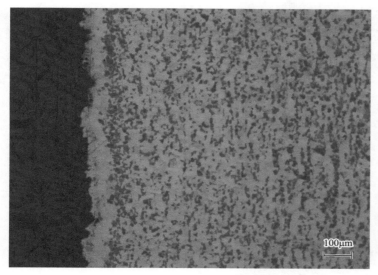

材料：20钢
状态：970℃渗铝6h
组织：表层白亮层（铝铁化合物）
腐蚀剂：4%硝酸酒精溶液
放大倍数：100×

图16-25

16.7 化学镀

化学镀是指在没有外加电流通过的情况下，利用化学方法使溶液中的金属离子还原为金属并沉积在基体表面上，从而形成镀层的一种表面处理方法。其基本原理是被镀件浸入镀液中，通过溶液中适当的还原剂使金属离子在金属表面的自催化作用下还原沉积在金属表面。化学复合镀是将固体微粒加入镀液中，使其与金属或合金共沉积，形成一种金属基的表面复合材料的过程。在镀层中，固体微粒均匀地弥散分布在基体中，又称为分散镀或弥散镀。复合镀层的性能由镀层金属的特性和粒子特性共同决定。由于化学镀层厚度均匀，硬度高，耐磨、耐蚀性好，目前已被广泛应用于汽车、机械、化学化工等行业。

图16-26为铍青铜QBe2化学镀镍磷层在不同放大倍数下的表面形貌，表面呈现为典型的胞状特征；图16-27为铍青铜QBe2化学镀镍磷层的剖面形貌，图中右侧一白亮层即为化学镀镍磷镀层，约为4μm，左侧为铍青铜QBe2 780℃加热，保温2h淬火后的显微组织α相。

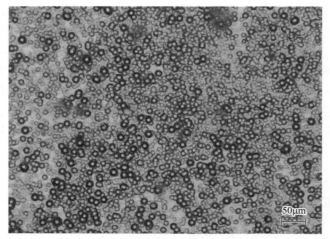

(a) 放大倍数：200×

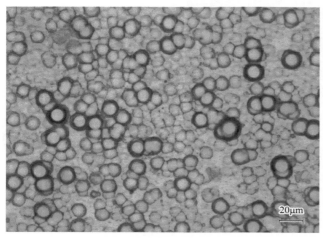

(b) 放大倍数：500×

图 16-26

材料：QBe2
状态：化学镀 2h
形貌特征：表面胞状特征
腐蚀剂：未腐蚀

材料：QBe2
状态：化学镀 2h
形貌特征：表面白亮层
　　　　　（化学镀镍磷镀层）
腐蚀剂：二氯化铜氨水溶液
放大倍数：500×

图 16-27

图 16-28 为 T10 钢 760℃加热，保温 25min 水淬，200℃回火后化学复合镀 Ni-P-SiC 镀层在不同放大倍数下的表面形貌，图中右侧白亮层为化学复合镀 Ni-P-SiC 镀层，白亮的镀层上分布的灰色细小块状物即为 SiC 粒子，镀层厚度约为 20μm。左侧为 T10 钢 760℃水冷，200℃回火后的显微组织，为回火马氏体 + 未溶碳化物 + 少量残余奥氏体。

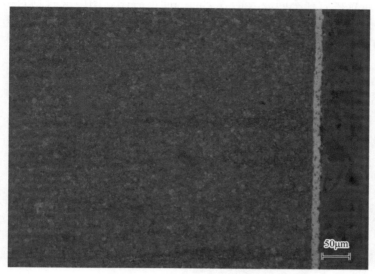

(a) 放大倍数：200×

(b) 放大倍数：500×

图 16-28

材料：T10
状态：淬火、回火后化学镀 2h
形貌特征：表面白亮层（化学镀镍磷镀层）上分布有灰色 SiC 粒子
腐蚀剂：4% 硝酸酒精溶液

16.8 微弧氧化

微弧氧化（MAO），又称等离子体电解氧化（MPO），是指在普通阳极氧化的基础上，利用弧光放电增强并激活在阳极上发生的反应，从而在以铝、钛、镁等金属及其合金为材料的工件表面形成优质的强化陶瓷膜的方法。这种方法通过专用的微弧氧化电源在工件上施加电压，使工件表面的金属与电解质溶液相互作用，在工件表面形成微弧放电，在高温、电场等因素的作用下，金属表面形成陶瓷膜，从而达到强化工件表面的目的。

图 16-29 为 TC4 钛合金微弧氧化后在不同放大倍数下的剖面形貌图。图中最右侧为镶嵌材料，紧邻镶嵌材料的一层灰色膜即为微弧氧化膜，膜的成分主要为 TiO_2，厚度约为 50μm。最左侧为 TC4 合金 950℃ 退火态的显微组织，为片状 α 相 +β 相。

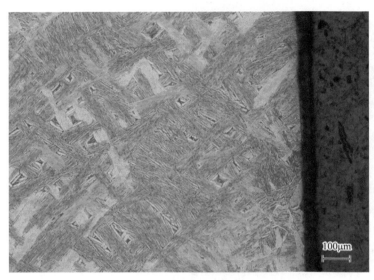

(a) 放大倍数：100×

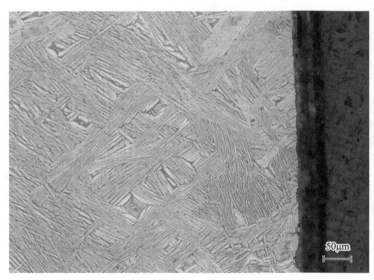

(b) 放大倍数：200×

材料：TC4
状态：微弧氧化
形貌特征：紧邻基材表面有一
　　　　　层灰色 TiO_2 氧化膜
腐蚀剂：kroll 试剂

图 16-29

参考文献

［1］张博. 金相检验［M］. 北京：机械工业出版社，2019.

［2］李炯辉，林德成. 金属材料金相图谱［M］. 北京：机械工业出版社，2006.

［3］王岚，杨平，李长荣. 金相实验技术［M］. 北京：冶金工业出版社，2010.

［4］任颂赞，张静江. 钢铁金相图谱［M］. 上海：上海科技文献出版社，2003.

［5］夏建元，曾大新，张红霞，等. 金属材料彩色金相图谱［M］. 北京：机械工业出版社，2013.

［6］黄振东. 钢铁金相图谱［M］. 北京：中国科技文化出版社，2005.

［7］机械工业理化检验人员技术培训和资格鉴定委员会. 金属材料金相检验［M］. 上海：上海科学普及出版社，2015.

［8］叶卫平. 实用钢铁材料金相检验［M］. 北京：机械工业出版社，2012.

［9］胡义祥. 金相检验实用技术［M］. 北京：机械工业出版社，2012.

［10］洛阳铜加工厂中心试验室金相组. 铜及铜合金金相图谱［M］. 北京：冶金工业出版社，1983.

［11］路俊攀，李湘海. 加工铜及铜合金金相图谱［M］. 长沙：中南大学出版社，2010.

［12］邵红红，纪嘉明. 金属组织控制技术与装备［M］. 北京：北京大学出版社，2011.

［13］刘燕萍. 工程材料［M］. 北京：国防工业出版社，2014.

［14］吴晶，戈晓岚，纪嘉明. 机械工程材料实验指导书［M］. 北京：化学工业出版社，2007.

［15］饶克，齐亮，叶洁云，等. 金属材料专业实验教程［M］. 北京：冶金工业出版社，2018.

［16］袁志钟，戴起勋. 金属材料学［M］. 3版. 北京：化学工业出版社，2018.

［17］张喜燕，赵永庆，白晨光. 钛合金及应用［M］. 北京：化学工业出版社，2005.

［18］林丽华，章国英，滕清泉，等. 金属表层渗层与覆盖层金相组织图谱［M］. 北京：机械工业出版社，1998.

［19］高文明. 金相检验基本知识［M］. 北京：中国铁道出版社，1989.

［20］金属显微组织检验方法：GB/T 13298—2015［S］. 北京：中国标准出版社，2015.

［21］钢中非金属夹杂物含量的测定　标准评级图显微检验法：GB/T 10561—2023［S］. 北京：中国标准出版社，2023.

［22］工模具钢：GB/T 1299—2014［S］. 北京：中国标准出版社，2014.

［23］弹簧钢：GB/T 1222—2016［S］. 北京：中国标准出版社，2016.

［24］不锈钢和耐热钢　牌号及化学成分：GB/T 20878—2007［S］. 北京：中国标准出版社，2007.

［25］高碳铬轴承钢：GB/T 18254—2016［S］. 北京：中国标准出版社，2016.

［26］蠕墨铸铁金相检验：GB/T 26656—2023［S］. 北京：中国标准出版社，2023.

［27］不锈钢中 α-相面积含量金相测定法：GB/T 13305—2008［S］. 北京：中国标准出版社，2008.

［28］高速工具钢：GB/T 9943—2008［S］. 北京：中国标准出版社，2008.

［29］铸造铝合金：GB/T 1173—2013［S］. 北京：中国标准出版社，2013.